李锋 魏燕 田小静 编著

手把手教你做
工业机器人应用项目

化学工业出版社

·北京·

内 容 简 介

本书以项目为导向，详细讲解了空间轨迹描述、码垛、搬运、焊接四个项目的现场编程及离线编程的实施步骤及操作过程，有利于读者完整地学习项目的实施。本书力求语言精练、论述清晰、图文并茂，并对接实际应用需求，具有一定的代表性、实用性与先进性。

本书可作为各高等院校、职业院校、技工学校、技师学院工业机器人、机电一体化、智能制造等专业的教材或培训教程，也可作为企业工业机器人生产线相关人员的专业技术参考书籍。

图书在版编目（CIP）数据

手把手教你做工业机器人应用项目/李锋，魏燕，田小静编著．—北京：化学工业出版社，2021.10（2023.11重印）
ISBN 978-7-122-39775-1

Ⅰ.①手… Ⅱ.①李… ②魏… ③田… Ⅲ.①工业机器人-程序设计-教材 Ⅳ.①TP242.2

中国版本图书馆 CIP 数据核字（2021）第 167840 号

责任编辑：王 烨　　　　　　　　　　　　　文字编辑：赵 越
责任校对：李雨晴　　　　　　　　　　　　　装帧设计：刘丽华

出版发行：化学工业出版社(北京市东城区青年湖南街 13 号　邮政编码 100011)
印　　装：北京科印技术咨询服务有限公司数码印刷分部
787mm×1092mm　1/16　印张 11½　字数 264 千字　2023 年 11 月北京第 1 版第 2 次印刷

购书咨询：010-64518888　　　　　　　　　　售后服务：010-64518899
网　　址：http://www.cip.com.cn

凡购买本书，如有缺损质量问题，本社销售中心负责调换。

定　价：59.80 元　　　　　　　　　　　　　　　　版权所有　违者必究

前言

随着科学技术的不断发展，国家产业结构转型升级的不断推进，工业机器人在各个领域的应用越来越广泛。工业机器人应用型人才需求量也随之出现了井喷式增长，但与之不相适应的是，包含工业机器人现场编程与离线编程混合的项目综合应用系统教材目前还比较缺乏，本书旨在解决这一方面的问题。

本书的编写以项目为导向，主要为读者提供了空间轨迹描述、搬运、码垛、焊接四个项目的现场编程及离线编程的实施步骤及操作过程，有利于读者清晰地了解项目流程和完整地学习项目实施。本书作者具有丰富的教学与工程实践经历，对接实际应用需求，使本书具有一定的代表性、实用性与先进性。

本书可作为各高等院校、职业院校、技工学校、技师学院工业机器人、机电一体化、智能制造等专业的教材或培训教程，也可作为企业工业机器人生产线相关人员的专业技术参考书籍。

本书由陕西航天职工大学李锋、中国电建集团西北勘测设计研究院有限公司城建与交通工程院副总工魏燕、西安航空职业技术学院田小静编著。陕西航天职工大学张立新老师主审。西安智能工业技工学校段小剑、张伟，陕西航天职工大学杨发、赵多文等为本书编写提供了很多帮助，在此深表谢意。

由于编者的水平有限，书中疏漏之处敬请同行及读者不吝指正。

编著者
2021 年 2 月于西安

目录

第1章 项目实施基础 / 001

1.1 工业机器人应用项目的类型和特点 …………………………………… 001
1.2 实施工业机器人应用项目的技术总体介绍 …………………………… 002

第2章 空间轨迹描述 / 004

2.1 工作任务 ………………………………………………………………… 004
2.2 相关知识 ………………………………………………………………… 004
2.3 仿真模拟 ………………………………………………………………… 005
2.4 现场实施 ………………………………………………………………… 041

第3章 码垛 / 048

3.1 工作任务 ………………………………………………………………… 048
3.2 相关知识 ………………………………………………………………… 049
3.3 仿真模拟 ………………………………………………………………… 060
3.4 现场实施 ………………………………………………………………… 083

第4章 搬运 / 103

4.1 工作任务 ………………………………………………………………… 103
4.2 相关知识 ………………………………………………………………… 103
4.3 程序编制 ………………………………………………………………… 111
4.4 现场实施 ………………………………………………………………… 112

第 5 章　焊接　/ 113

  5.1　工作任务 ………………………………………………………………… 113
  5.2　相关知识 ………………………………………………………………… 114
  5.3　仿真模拟 ………………………………………………………………… 116
  5.4　现场实施 ………………………………………………………………… 145

参考文献　/ 178

第1章

项目实施基础

1.1 工业机器人应用项目的类型和特点

(1) 搬运工业机器人

搬运工业机器人是指可以进行自动化搬运作业的工业机器人。最早的搬运机器人出现在 1960 年的美国，Versatran 和 Unimate 两种机器人首次用于搬运作业。

搬运作业是指用一种设备握持工件，从一个加工位置移到另一个加工位置的过程。如果采用工业机器人来完成此任务，整个搬运系统则构成了工业机器人搬运工作站。给搬运机器人安装不同类型的末端执行器，可以完成不同形态和状态的工件搬运工作。工业机器人搬运工作站是一种集成化的系统，它包括工业机器人、控制器、PLC、机器人手爪、托盘等，并与生产控制系统相连接，形成了一个完整的集成化的搬运系统。

工业机器人搬运工作站的特点：

① 应有物品的传送装置，其形式要根据物品的特点选用或设计。
② 物品需定位准确，以便机器人抓取。
③ 根据要搬运的物品设计专用末端执行器。
④ 应选用适合搬运作业的机器人。

(2) 码垛工业机器人

工业现场所谓的码垛就是指把物体按照一定的顺序，一层一层地摆放整齐，常见于物流行业和运输行业，以及仓库存储等。传统的码垛主要依靠人力以及叉车或者吊车等来进行。码垛工业机器人就是现代化的计算机程序与传统的机械传动相结合的产物。

码垛工业机器人的特点：

① 占地面积小，动作范围大，减少场地浪费。
② 能耗低，降低运行成本。
③ 提高生产效率，解放繁重体力劳动者，实现无人或少人码垛。
④ 改善工人劳作条件，摆脱有毒、有害环境。

⑤ 柔性高、适应性强，可实现不同物料的码垛。
⑥ 定位准确，稳定性高。

(3) 焊接工业机器人

焊接工业机器人是在焊接生产领域代替焊工从事焊接任务的一种工业机器人。它具有可自由编程的轴，能将焊接工具按要求送到预定空间位置，并能按要求的轨迹及速度移动焊接工具。

焊接工业机器人的特点：
① 焊接质量稳定，重复加工质量高。
② 可连续生产，大大提高生产效率。
③ 降低了工人的操作技术难度。
④ 可在恶劣环境下工作，改善工人劳动条件。
⑤ 缩短产品改型换代的准备周期，减少相应的设备投资。
⑥ 采用工作站集成设计，可实现自动化生产。
⑦ 为焊接柔性生产线的发展提供技术基础。

1.2 实施工业机器人应用项目的技术总体介绍

要想成为一名现场项目实施的技术人员，必须熟练掌握工业机器人的基本操作、工业机器人编程的相关指令应用、工业机器人通信、离线编程等相关知识。在本书中涉及的四个项目分别为空间轨迹描述、码垛、搬运、焊接。

① 空间轨迹描述项目就是在工业机器人末端装上专用的笔，在空间画出相应的非圆曲线。由于空间轨迹属于非圆曲线，现场编程中示教点过多，效率较低。因此采用离线编程技术，把现场的模型、工具导入离线编程软件中，在离线编程软件中进行相关设置，生成现场运行程序。把生成的程序导入示教器，进行工具坐标系、工件坐标系的标定，可以很快完成项目的实施，提高了项目实施效率。

② 码垛项目就是利用工业机器人把现场物块堆放成金字塔形状。该项目的实施采用离线编程与现场手工编程结合的方式。在离线编程软件中设置抓取点 pPick、Home 点 pHome；根据物料尺寸设置零件放置参数等相关参数；然后使用条件判断指令 test 描述工件放置的 6 个不同位置。

③ 搬运项目就是利用工业机器人把托盘 A 中的物品移至托盘 B 中。此项目的实施主要采用现场手工编程，在项目实施中主要用到以下功能指令：

读取当前机器人目标点位置数据值指令 CRobT；
位置偏移功能指令 Offs；
数字信号置位指令 Set；
重复执行判断指令 FOR。

④ 焊接项目就是利用工业机器人在现场焊接一个椭圆形状。由于椭圆属于非圆曲线，所以采用了离线编程的方式实施。在项目实施中主要用到以下功能指令：

线性焊接开始指令 ArcLStart；
线性焊接指令 ArcL；
线性焊接结束指令 ArcLEnd；
圆弧焊接开始指令 ArcCStart；
圆弧焊接指令 ArcC；
圆弧焊接结束指令 ArcCEnd。

第2章 空间轨迹描述

2.1 工作任务

在生产现场有涂胶板一块，涂胶板上表面有涂胶的轨迹，如图 2-1 所示。现需要使用 ABB 机器人 IRB-120，完成涂胶板上的涂胶工作。

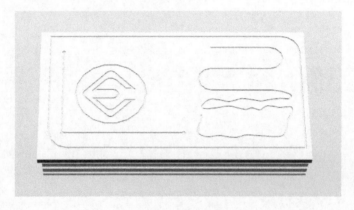

图 2-1 涂胶板

2.2 相关知识

在工业机器人轨迹应用过程中，如切割、涂胶、焊接等，常会需要处理一些不规则曲线。通常的做法是采用描点法，即根据工艺精度要求去示教相应数量的目标点，从而生成机器人的运行轨迹。此种方法费时、费力且不容易保证轨迹精度。图形化编程法，即根据 3D 模型的曲线特征自动转换成机器人的运行轨迹。此种方法省时、省力且容易保证轨迹精度。由于涂胶板上的轨迹复杂，所以使用 RobotStudio 软件进行离线程序的生成。

在 RobotStudio 中可以实现以下主要功能：

① CAD 导入。RobotStudio 可轻易地以各种主要的 CAD 格式导入数据，包括 IGES、STEP、VRML、VDAFS、ACIS 和 CATIA。通过使用此类非常精确的 3D 模型数据，机器人程序设计员可以生成更为精确的机器人程序，从而提高产品质量。

② 自动路径生成。这是 RobotStudio 最节省时间的功能之一。通过使用待加工部件的 CAD 模型，可在短短几分钟内自动生成跟踪曲线所需要的机器人位置。如果人工执行此项任务，则可能需要数小时或数天。

项目实施步骤：
a. 建立涂胶板、胶枪的三维模型，导入 RobotStudio 软件中。
b. 在 RobotStudio 软件中完成相应的配置，进行涂胶轨迹模拟，生成涂胶轨迹程序。
c. 导入现场机器人中，进行涂胶工作。

2.3 仿真模拟

首先要在软件中对机器人进行布局系统，对安装工具及涂胶板进行位置摆放，确保涂胶板在机器人的工作范围之内，然后进行涂胶轨迹仿真模拟。仿真模拟完成后，将程序导出，在实机上进行检测。具体步骤如下：

（1）打开软件并选择机器人及配置机器人系统

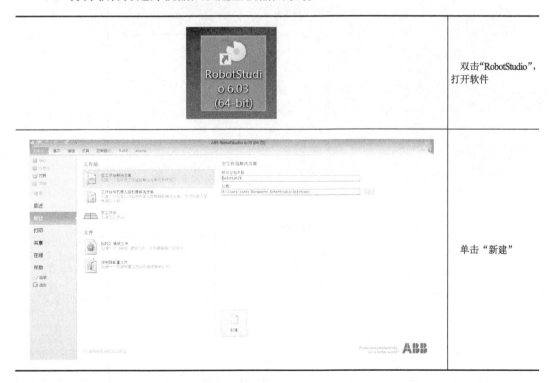

续表

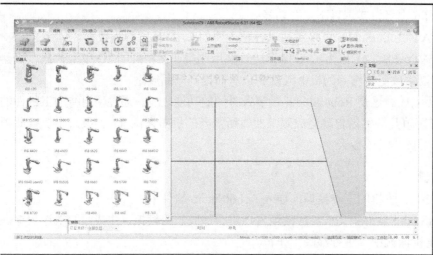	单击"ABB 模型库",选择并单击"IRB 120"
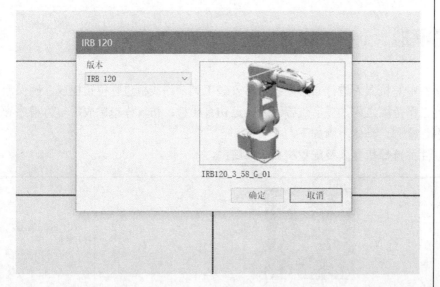	单击"确定"
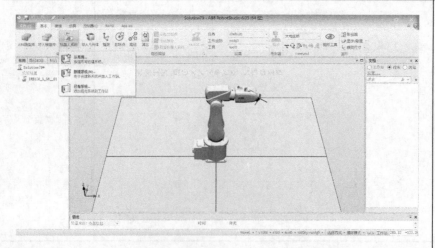	单击"机器人系统",选择并单击"从布局创建系统"

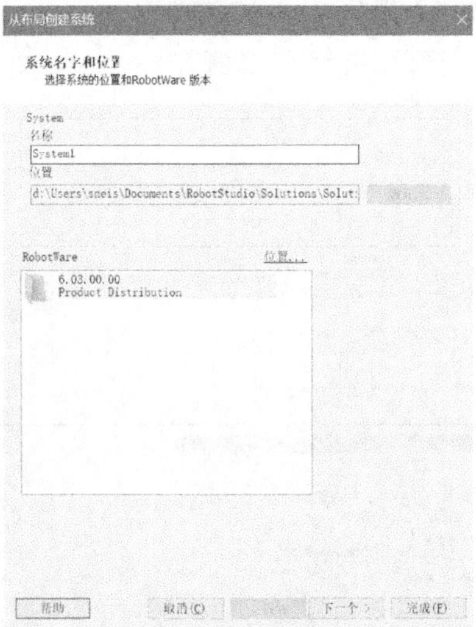

续表

(从布局创建系统 - 系统名字和位置)	点击"下一个"
(从布局创建系统 - 选择系统的机械装置)	单击"下一个"
(从布局创建系统 - 系统选项)	单击"选项"

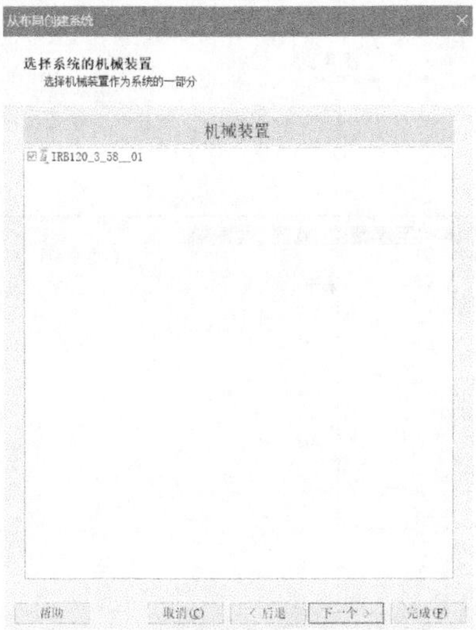

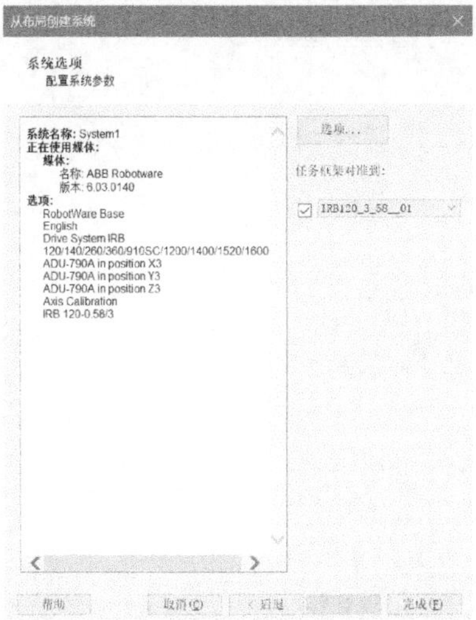

第 2 章 空间轨迹描述

续表

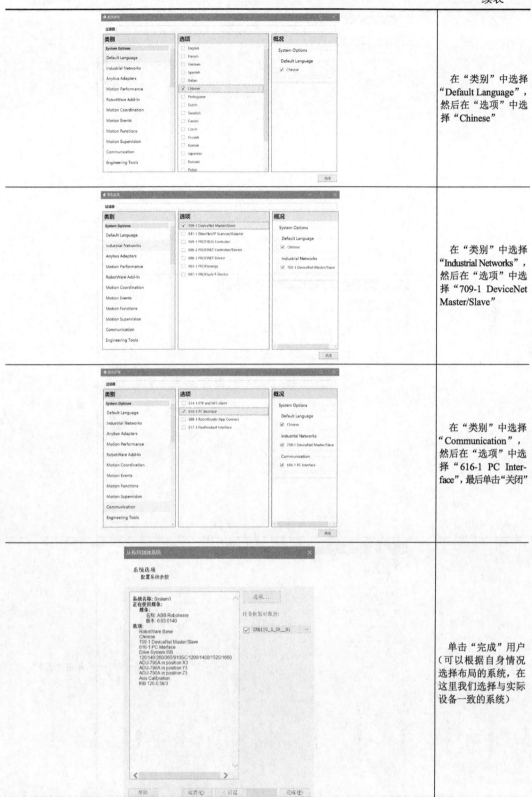	在"类别"中选择"Default Language",然后在"选项"中选择"Chinese"
	在"类别"中选择"Industrial Networks",然后在"选项"中选择"709-1 DeviceNet Master/Slave"
	在"类别"中选择"Communication",然后在"选项"中选择"616-1 PC Interface",最后单击"关闭"
	单击"完成"用户(可以根据自身情况选择布局的系统,在这里我们选择与实际设备一致的系统)

（2）导入模型，创建工具并安装在机器人法兰盘上

工具安装过程中的安装原理为：工具模型的本地坐标系与机器人法兰盘坐标系 Tool0 重合。因为工具末端的工具坐标系框架作为机器人的工具坐标系，所以需要对此工具模型做两步图形处理。首先在工具法兰盘端创建本地坐标系框架，之后在工具末端创建工具坐标系框架。这样自建的工具就有了跟系统库里默认的工具同样的属性了。

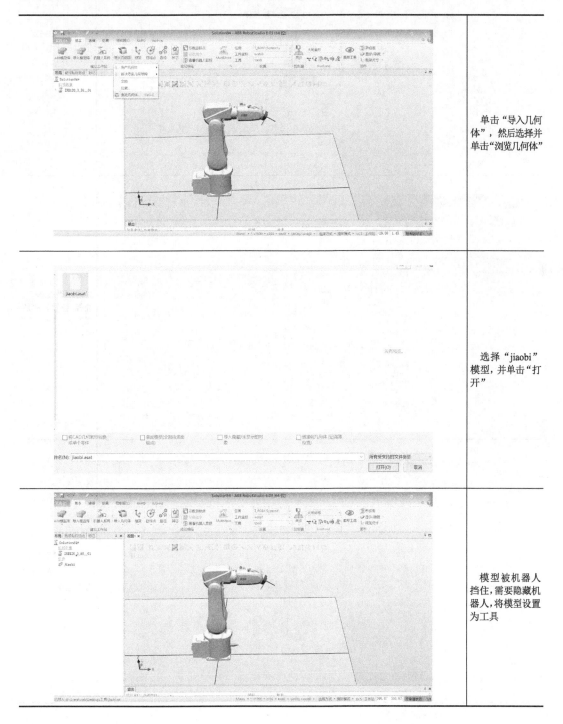

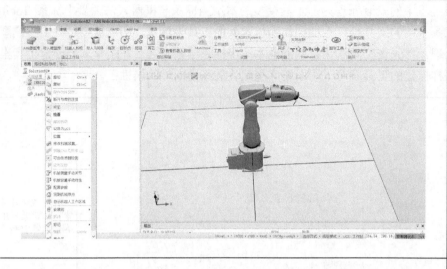	右击"IRB 120",单击"可见",隐藏机器人
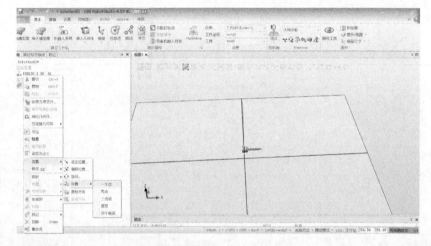	右击"jiaobi",选择"位置"→"放置"→"一个点"
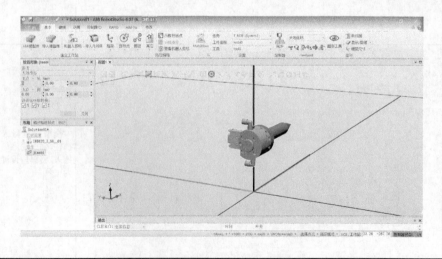	在按钮中单击"⊙",随后单击"主点-从"

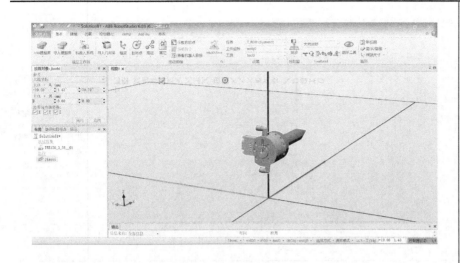	鼠标移动至模型末端，捕捉模型末端中心点。捕捉到后，单击鼠标左键
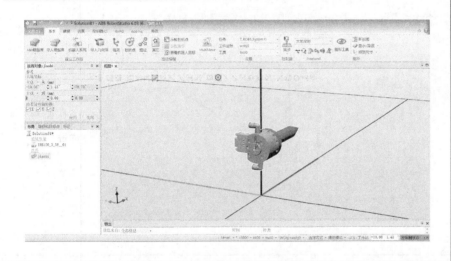	单击"应用"。随后单击"关闭"
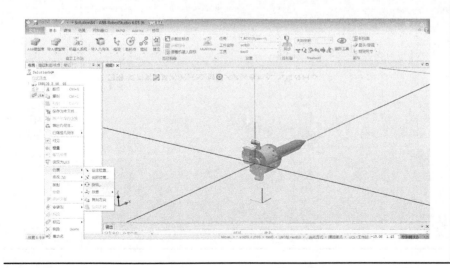	右击"jiaobi"，选择"位置"→"旋转"

续表

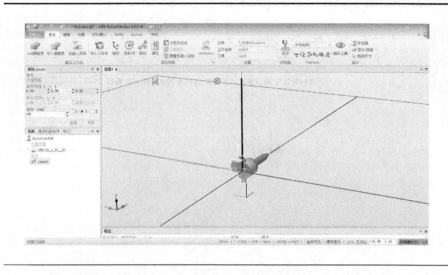	在"旋转(deg)"中输入"90",并选择绕"Y"轴旋转
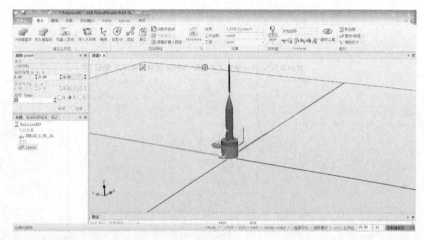	点击"应用",旋转至竖直向上,单击"关闭"
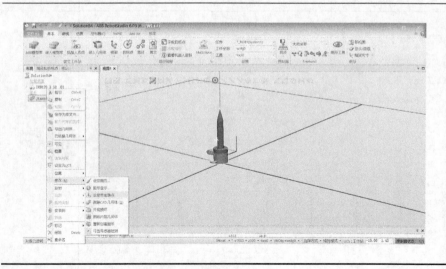	右击"jiaobi",选择"修改"→"设定本地原点"

续表

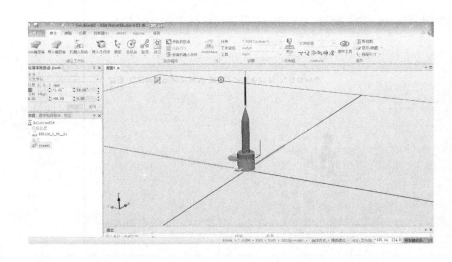	将"位置"及"方向"全部设置为"0"
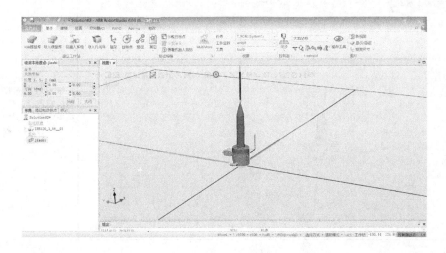	单击"应用",随后单击"关闭"
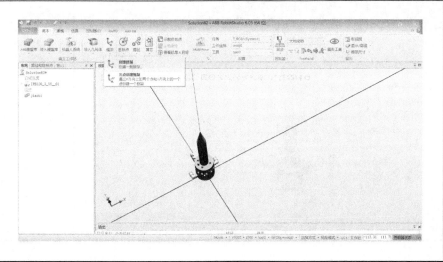	单击"框架",选择"创建框架"

第 2 章　空间轨迹描述 — 013

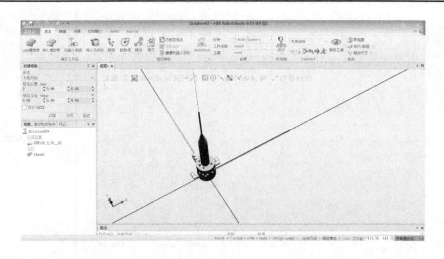	在按钮中单击"✐",随后单击"框架位置"
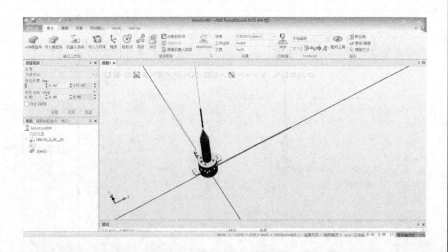	鼠标移动至模型尖端点,捕捉模型尖端点,捕捉到后,单击鼠标左键
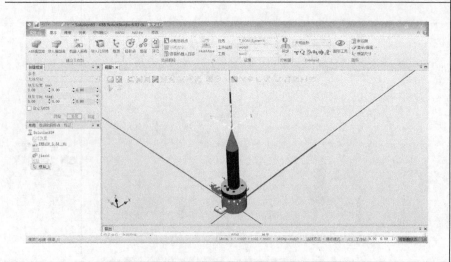	单击"创建",随后点击"关闭"

续表

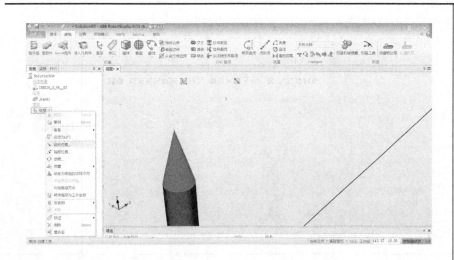	右击"框架_1",选择"设定位置"
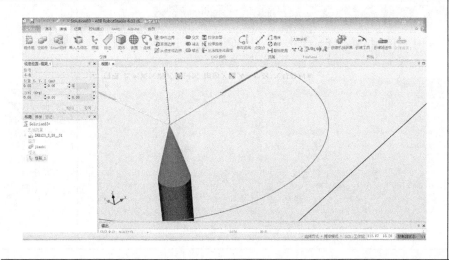	将"位置"的"Z"值设定为5,单击"应用",随后单击"关闭"
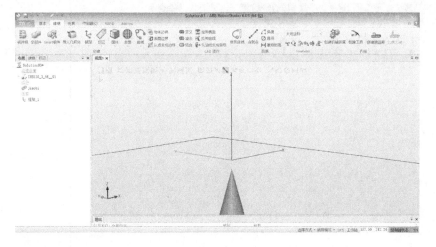	框架就在Z方向向外偏移了5mm

第2章 空间轨迹描述 — 015

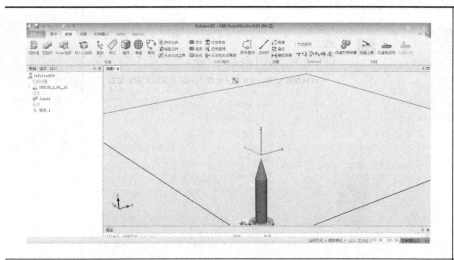	在"建模"功能选项卡中单击"创建工具"
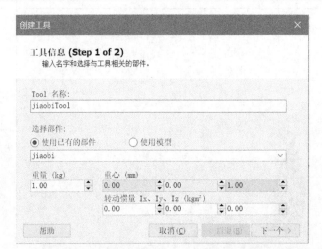	将"Tool 名称"改为"jiaobiTool"，随后"选择部件"为"使用已有的部件"
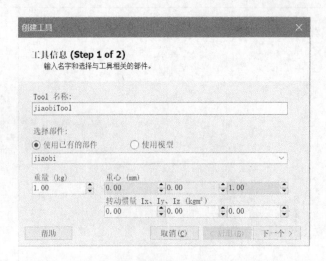	选取部件为"jiaobi"，单击"下一个"

续表

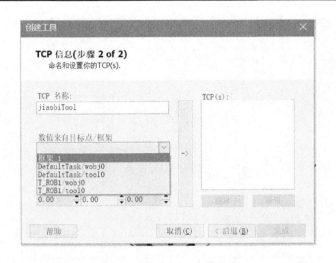	"TCP 名称"采用默认的"jiaobiTool",在下拉列表中选取创建的"框架_1"
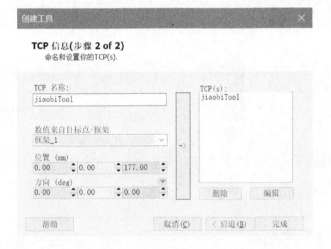	单击导向键"→",将 TCP 添加到右侧窗口,最后单击"完成"
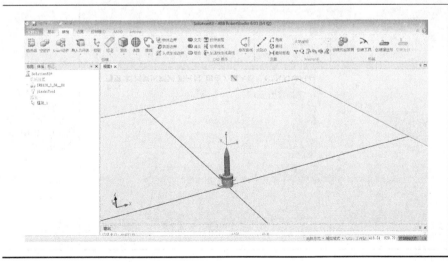	完成后"jiaobiTool"图形显示已变成工具图标

第 2 章 空间轨迹描述 — 017

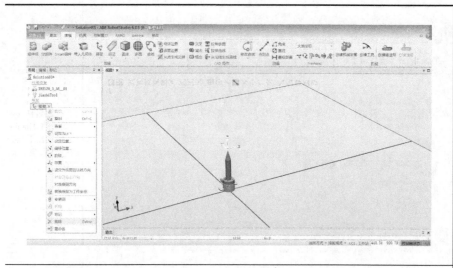	右击"框架_1",选择"删除"
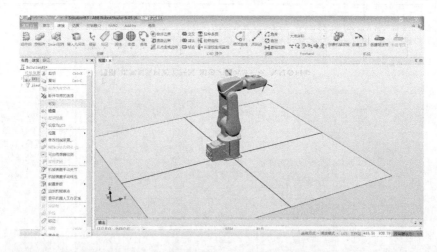	右击"IRB120",单击"可见",显示机器人
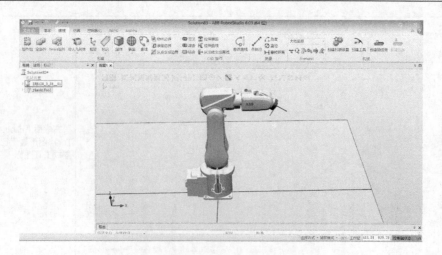	用左键点住工具"jiaobiTool"不要松开,拖放到机器人"IRB120"处松开左键

续表

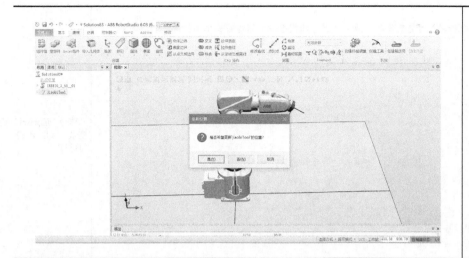	单击"是"
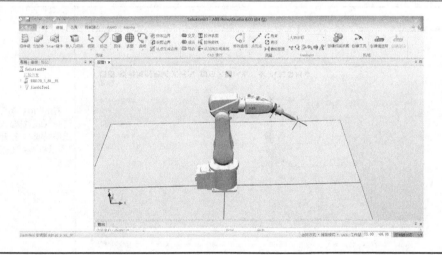	工具已安装到机器人法兰盘处

(3) 导入涂胶板模型,放在机器人工作范围内并创建工件坐标系

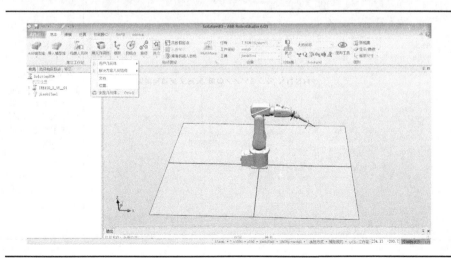	单击"导入几何体",然后单击"浏览几何体"

第2章 空间轨迹描述 — **019**

续表

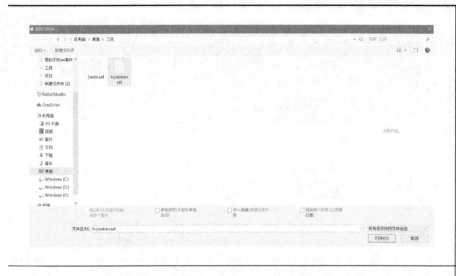	选择"tujiaoban"模型，并单击"打开"
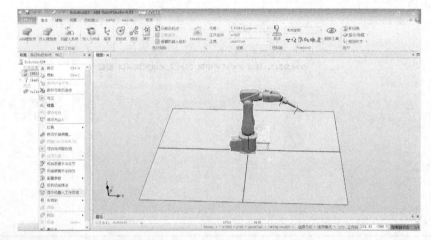	右击"IRB 120"，选择"显示机器人工作区域"，打开"显示机器人工作区域"
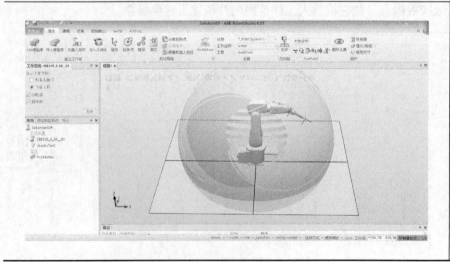	在"显示工作空间"中选择"当前工具"及"3D体积"，这时我们就能观察机器人的工作范围了

续表

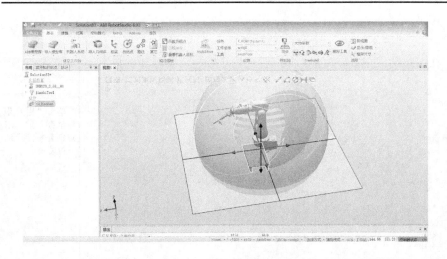	选择"tujiao-ban",随后单击" ",将涂胶板移动至机器人的工作范围内
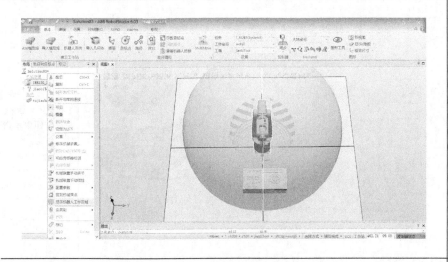	右击"IRB 120",单击"显示机器人工作区域",关闭显示机器人工作区域
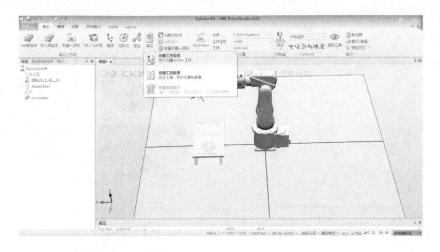	单击"其它",然后选择并单击"创建工件坐标"

第2章 空间轨迹描述 — 021

续表

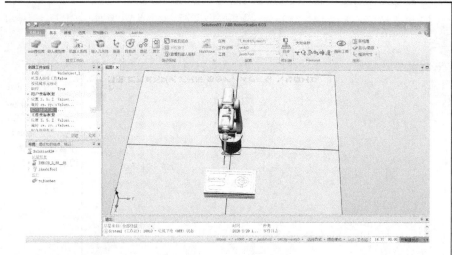	单击"用户坐标框架"的"取点创建框架"的下拉箭头
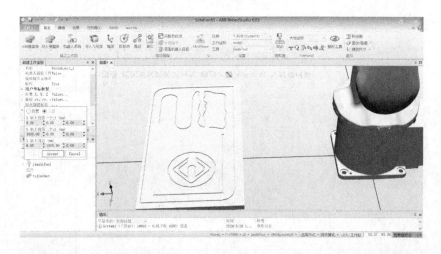	选择"三点",并在按钮中单击"⟋"
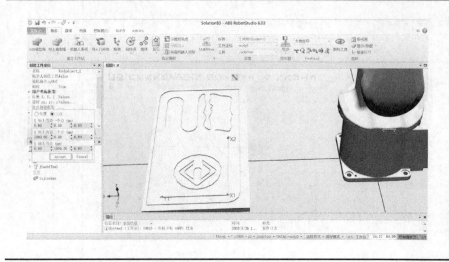	单击"X轴上的第一个点"的框架,随后分别单击"X1""X2""Y1"(工件坐标系符合右手定则)

续表

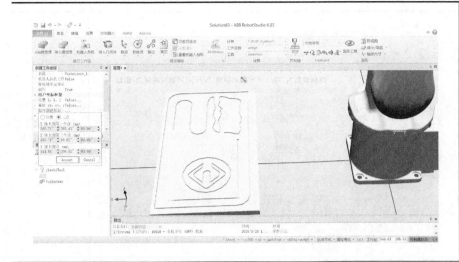	确认单击的三个角点的数据已生成后，单击"Accept"
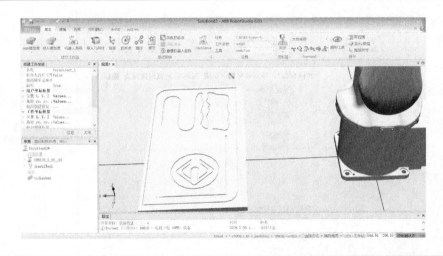	单击"创建"
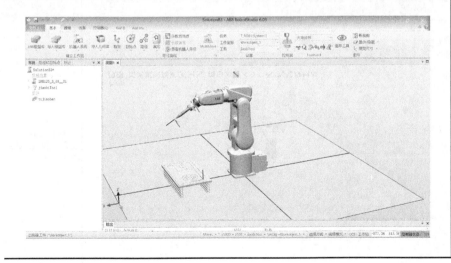	工件坐标系创建完成

（4）自动生成轨迹路径并导出

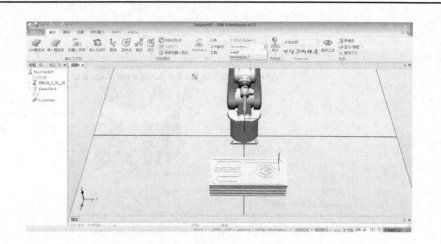

将设置中的工件坐标改为"Workobject_1"

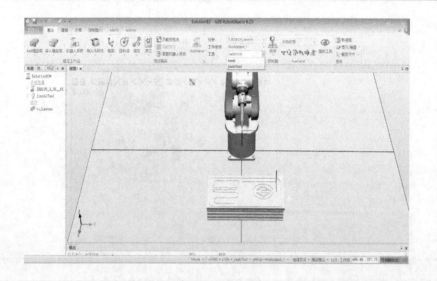

将设置中的工具改为"jiaobiTool"

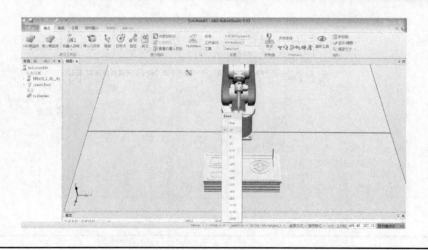

将下端程序的转角半径（z值）改为"z0"

续表

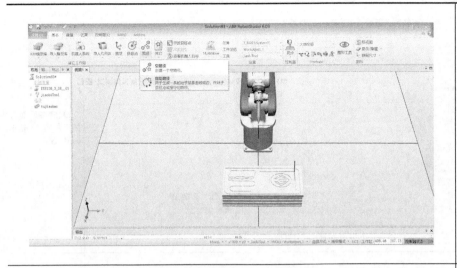

单击"路径",随后单击"自动路径"

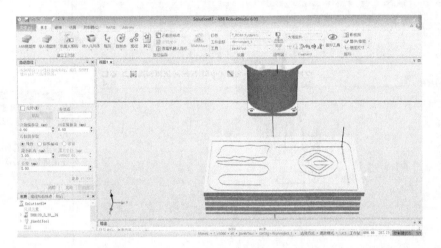

在按钮中单击"▣"和"◢"

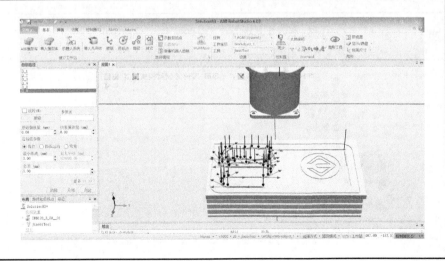

捕捉复杂轨迹,然后依次点击要仿真的轨迹路线

第2章 空间轨迹描述 — 025

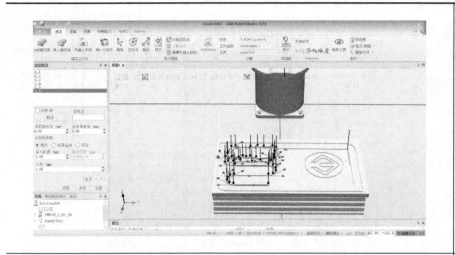	单击"参照面",随后单击"tujiao-ban"表面
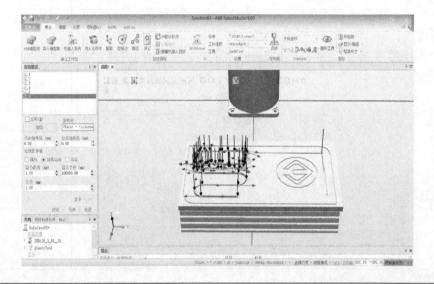	选择"线性"运动,并将"最小距离"和"公差"改为"1"(用户可根据实际情况自行更改)
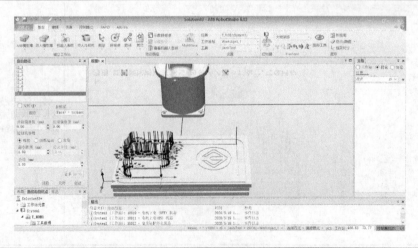	单击"创建",随后单击"关闭"

续表

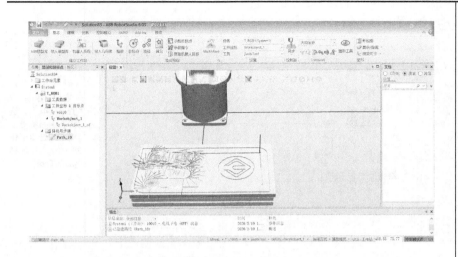	自动生成的机器人路径 Path_10
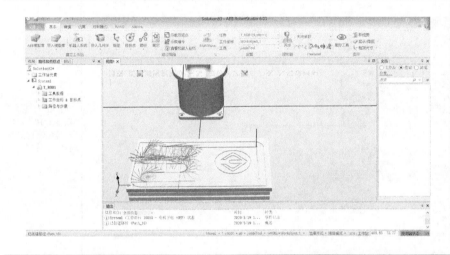	在"基本"功能选项卡中单击"路径和目标点"选项卡
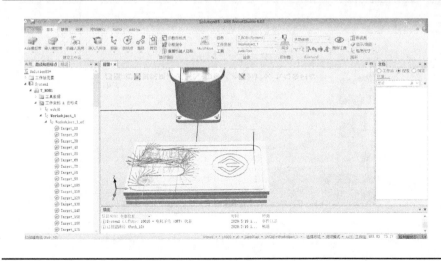	依次展开"T_ROB1""工件坐标&目标点""Workobject_1""Workobject_1_of",即可看到自动生成的各个目标点

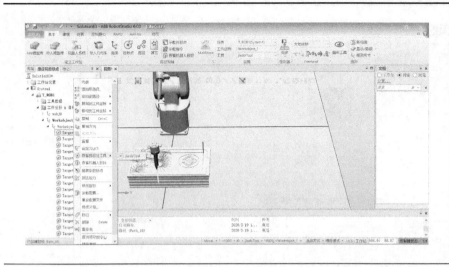	右击目标点"Target_10",选择"查看目标处工具",勾选本工作站中的工具名称"jiaobiTool"
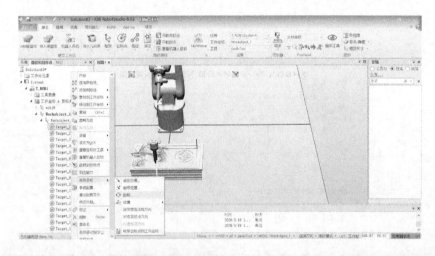	右击目标点"Target_10",单击"修改目标",选择"旋转"
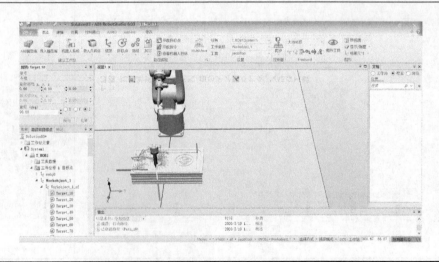	勾选"Z",输入"90",点击"应用"

续表

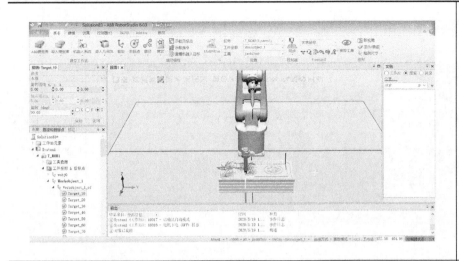	单击"关闭"
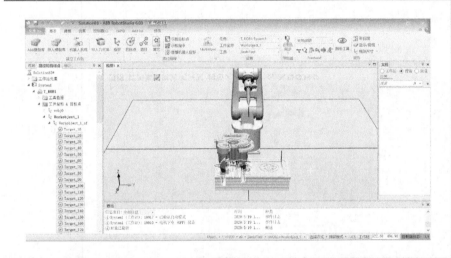	利用键盘Shift键以及鼠标左键，选中剩余的所有目标点
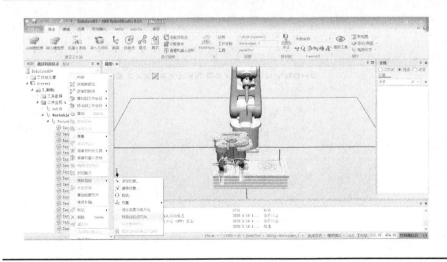	右击选中的目标点，单击"修改目标"中的"对准目标点方向"

第2章 空间轨迹描述 — 029

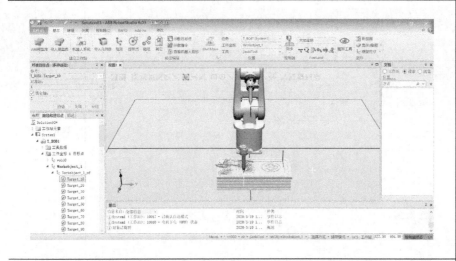	单击"参考"框,随后单击目标点"Target_10",最后单击"应用"
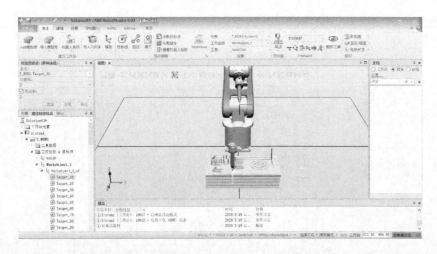	单击"关闭"
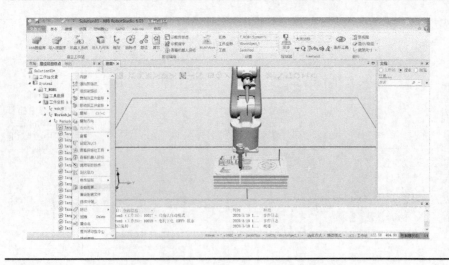	右击目标点"Target_10",单击"参数配置"

续表

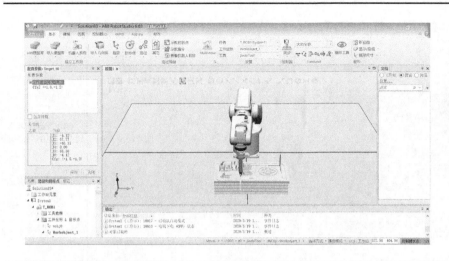	选择合适的轴配置参数,单击"应用",随后单击"关闭"(一般选择浮动较小的参数)
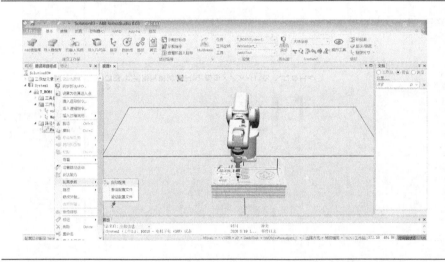	展开"路径与步骤",右击"Path_10",选择"配置参数"中的"自动配置"
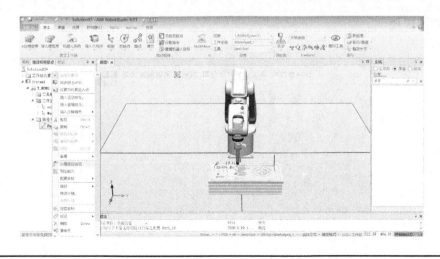	右击"Path_10",单击"沿着路径运动"

第2章 空间轨迹描述 — 031

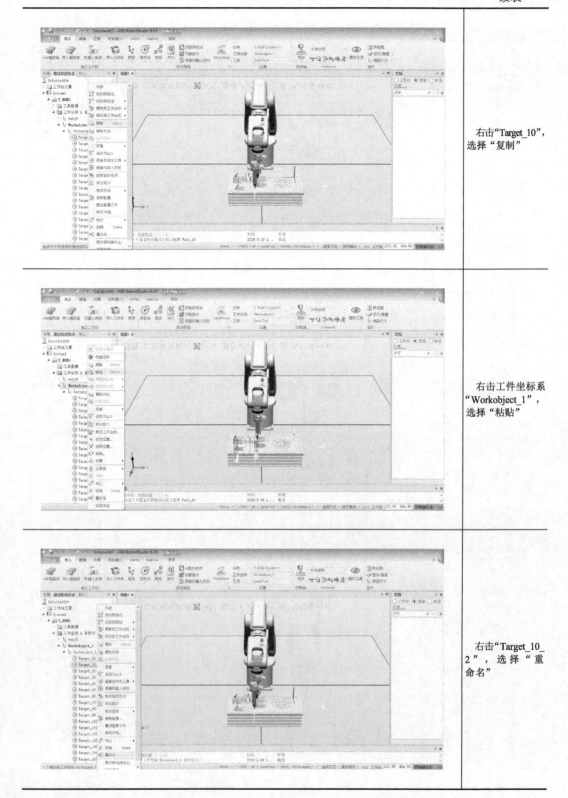

	右击"Target_10",选择"复制"
	右击工件坐标系"Workobject_1",选择"粘贴"
	右击"Target_10_2",选择"重命名"

续表

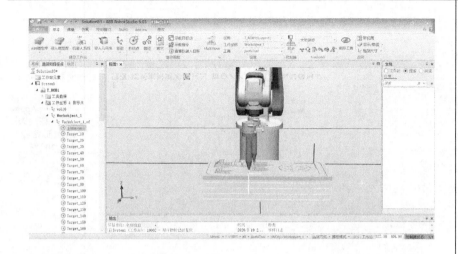	修改为"pApproach"
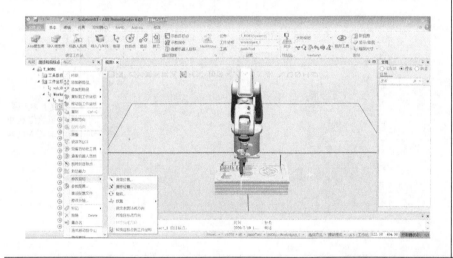	右击"pApproach",选择"修改目标"中的"偏移位置"
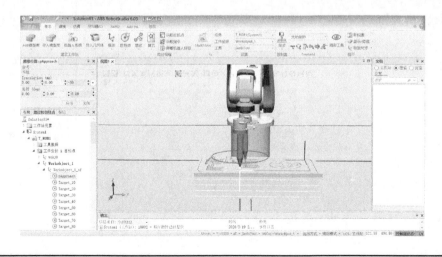	将"Translation"的Z值输入"-50",单击"应用",随后单击"关闭"

第2章 空间轨迹描述 — 033

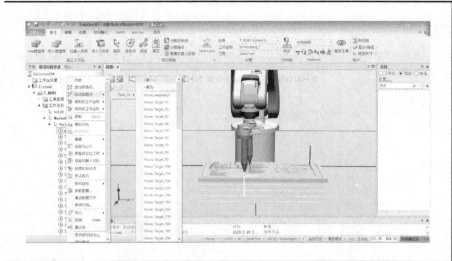	右击"pApproach",依次选择"添加到路径""Path_10""第一"
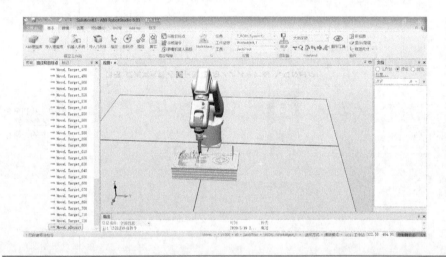	重复上述步骤,添加至轨迹结束离开点"MoveL pDepart"
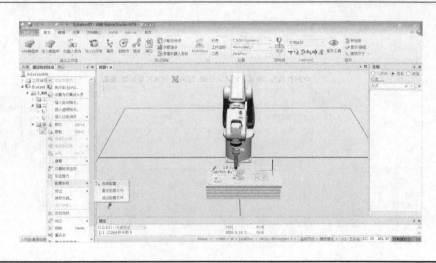	右击"Path_10",选择"配置参数"中的"自动配置"

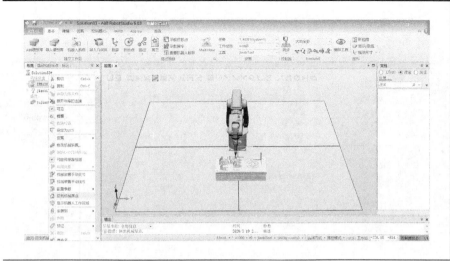	在"布局"选项卡中,右击"IRB-120",单击"回到机械原点"
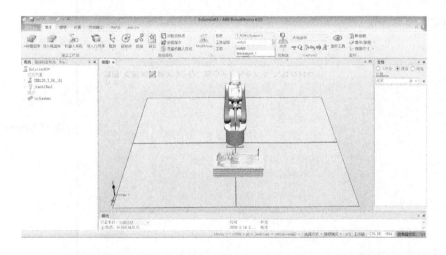	将工件坐标改为"wobj0"
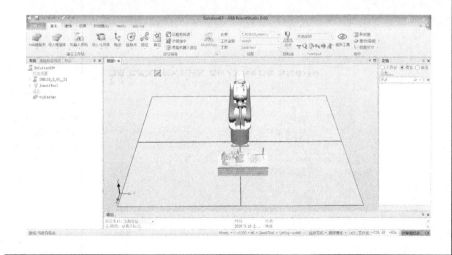	单击"示教目标点"

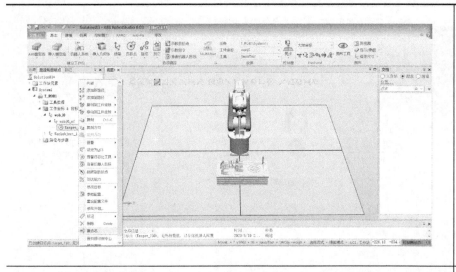	在"wobj0"中右击"Target_730",单击"重命名"
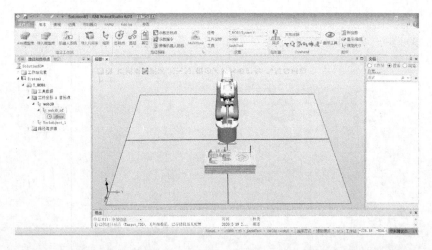	修改为"pHome"
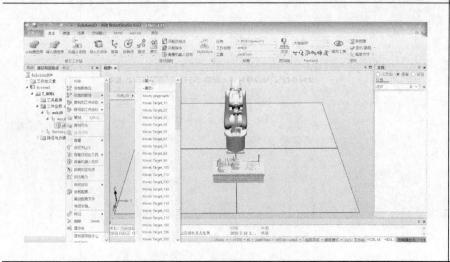	右击"pHome",选择"添加到路径"→"Path_10"→"第一";然后重复此步骤,添加至"最后"

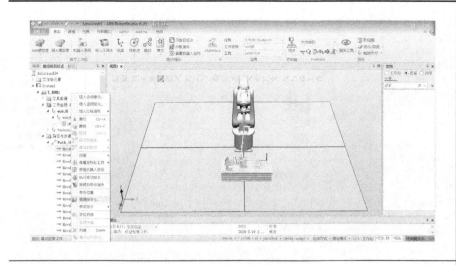	在"Path_10"中,右击"MoveL pHome",选择"编辑指令"
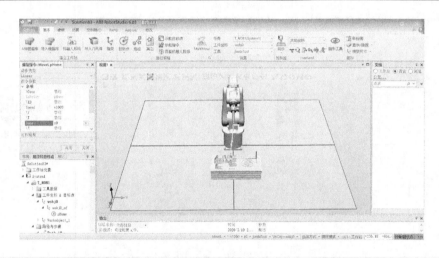	将"z0"改为"z20"
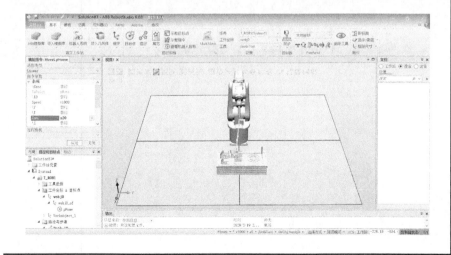	单击"应用",最后单击"关闭"

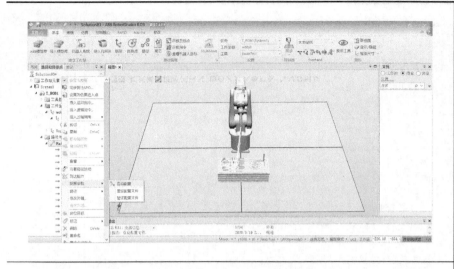	修改完成后,右击"Path_10",单击"配置参数"中的"自动配置"
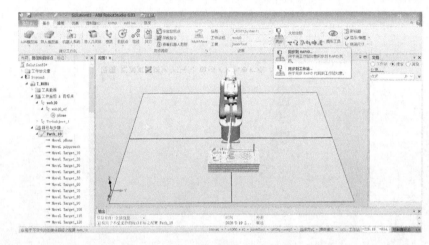	在"基本"功能选项卡下的"同步"菜单中单击"同步到RAPID"
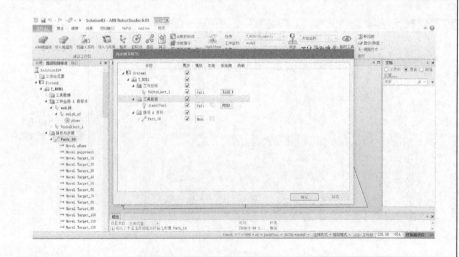	勾选所有同步内容,单击"确定"

续表

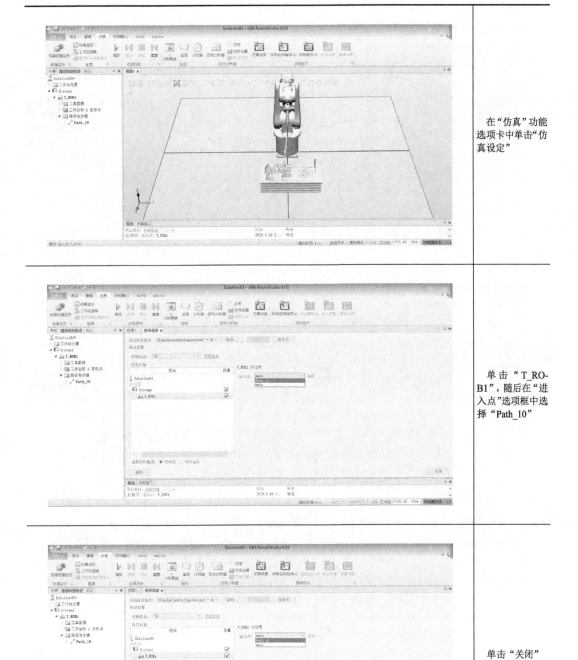	在"仿真"功能选项卡中单击"仿真设定"
	单击"T_ROB1",随后在"进入点"选项框中选择"Path_10"
	单击"关闭"

第2章 空间轨迹描述 — 039

续表

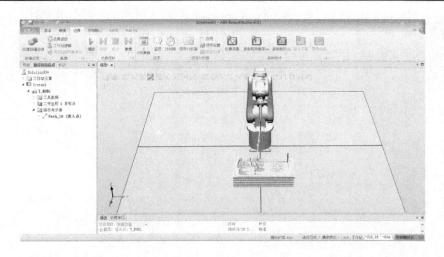	单击"仿真"功能选项卡中的"播放",这时就能看到我们自动生成轨迹总体的运行情况了
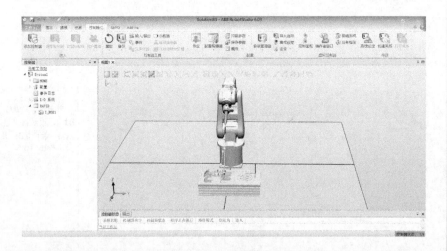	单击"控制器"选项卡,随后单击"RAPID"右侧下拉菜单
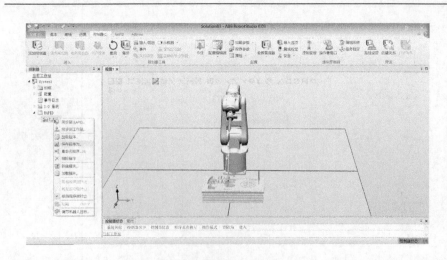	右击"T_ROB1",单击"保存程序为"

	续表
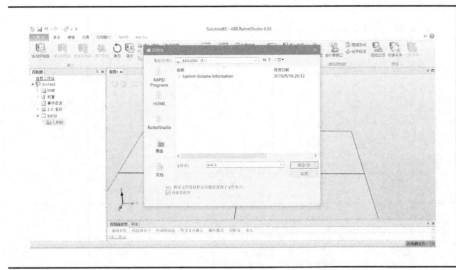	保存在U盘中，文件夹命名为"guiji"，单击"保存"

2.4 现场实施

将仿真生成的程序导入机器人，进行实际查看。

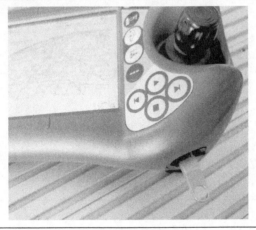	将U盘插入示教器USB接口中
	单击"≡∨"，随后单击"程序编辑器"

第2章 空间轨迹描述 — 041

续表

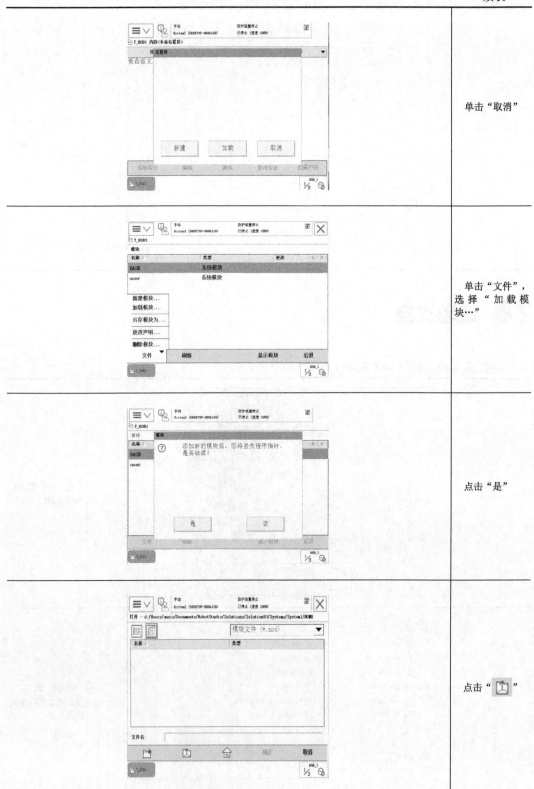

	单击"取消"
	单击"文件",选择"加载模块…"
	点击"是"
	点击"⬆"

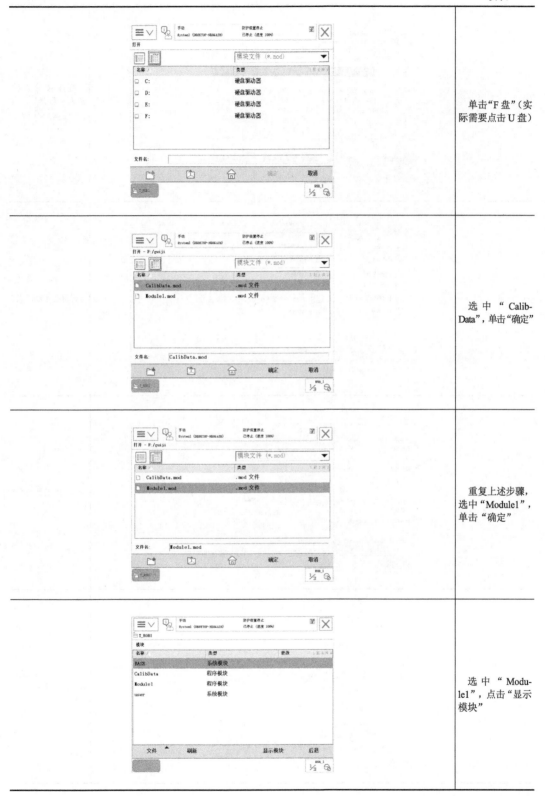

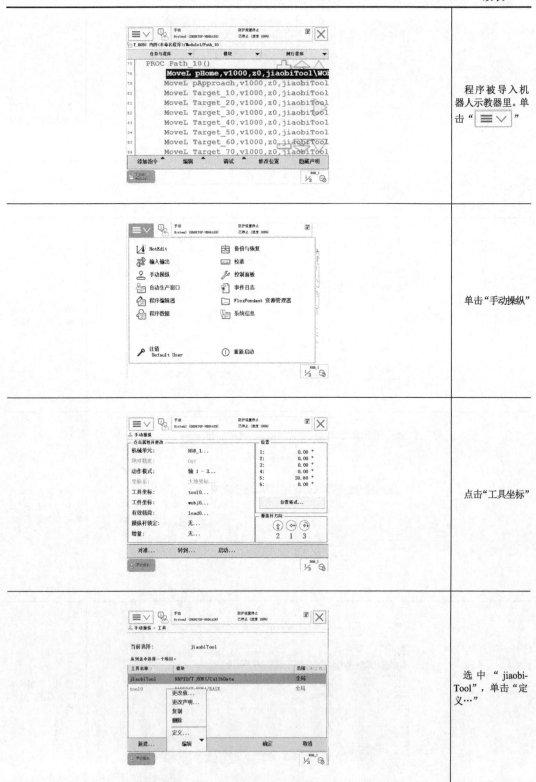

续表

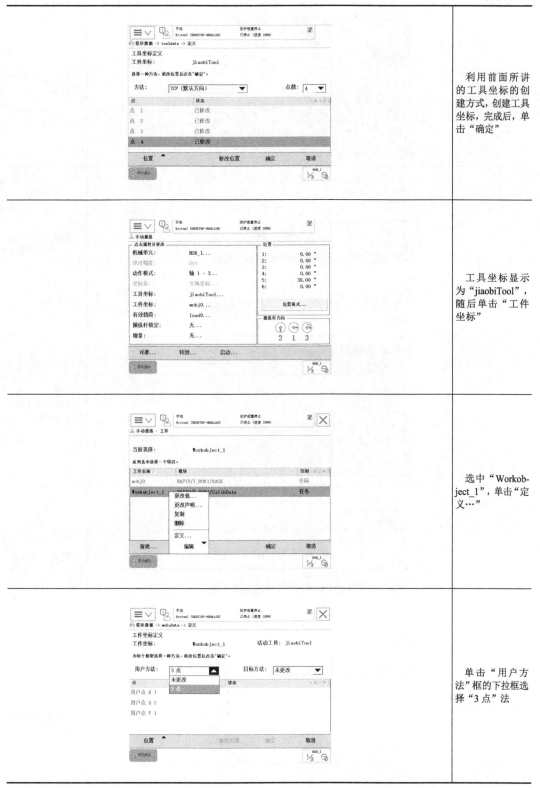

图示	说明
	利用前面所讲的工具坐标的创建方式，创建工具坐标，完成后，单击"确定"
	工具坐标显示为"jiaobiTool"，随后单击"工件坐标"
	选中"Workobject_1"，单击"定义…"
	单击"用户方法"框的下拉框选择"3点"法

第2章 空间轨迹描述 — 045

续表

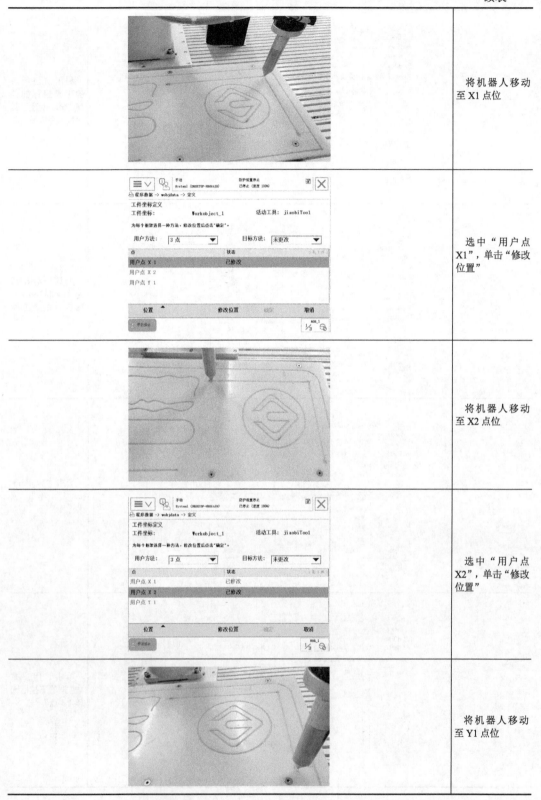

	将机器人移动至 X1 点位
	选中"用户点 X1",单击"修改位置"
	将机器人移动至 X2 点位
	选中"用户点 X2",单击"修改位置"
	将机器人移动至 Y1 点位

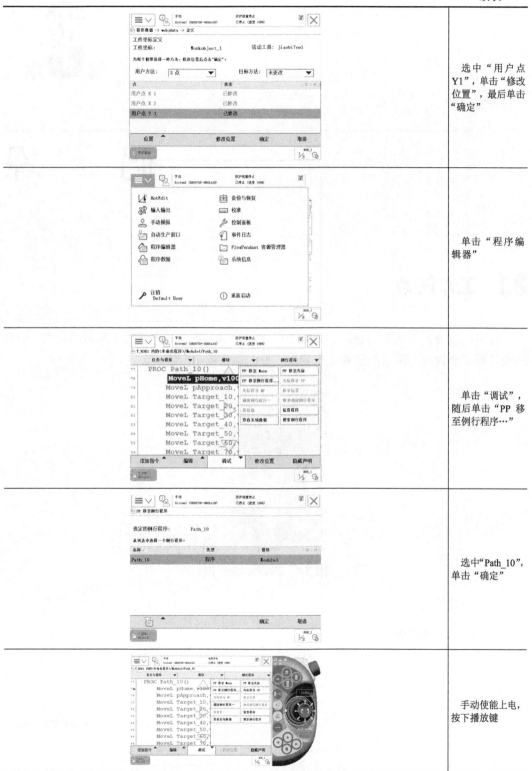

工作站：工业机器人 PCB 异形插件工作站（CHL-DS-01-A）

第3章 码垛

3.1 工作任务

在生产现场采用 ABB 机器人 IRB-120,把 6 个物块码垛成如图 3-1 所示的状态,即最下面放置 3 个物块,第二层放置 2 个物块,最上面放置 1 个物块。

图 3-1 码垛摆放示意图

设备介绍见表 3-1。

▫ 表 3-1 码垛应用项目设备表

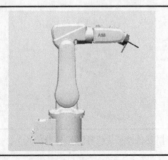	ABB 机器人 IRB-120

续表

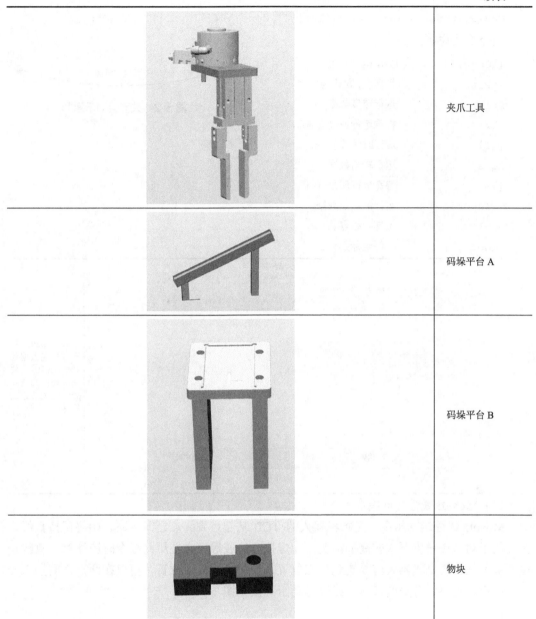

	夹爪工具
	码垛平台 A
	码垛平台 B
	物块

3.2 相关知识

（1）MoveJ 关节运动指令

MoveJ 关节运动指令，是指由机器人自己规划一条尽量接近直线的最合适的路线，不一定是直线，这样不容易走到极限位置。MoveJ 关节运动指令主要用于对轨迹精度要求不高的情况，适合大范围运动。关节运动示意图见图 3-2。

格式：

MoveJ[\Conc,]ToPint,Speed[\V][\T],Zone[\Z][\Inpos],Tool[\Wobj];

指令格式说明：

[\Conc,]	协作运动开关
ToPint	目标点,默认为*
Speed	运行速度数据
[\V]	特殊运行速度,mm/s
[\T]	运行时间控制,s
Zone	运行转角数据
[\Z]	特殊运行转角,mm
[\Inpos]	运行停止点数据
Tool	工具中心点(TCP)
[\Wobj]	工件坐标系

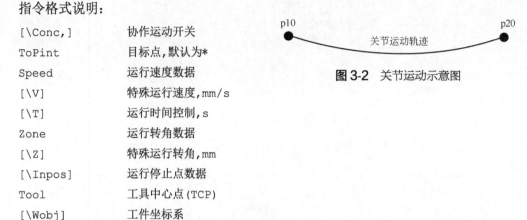

图 3-2　关节运动示意图

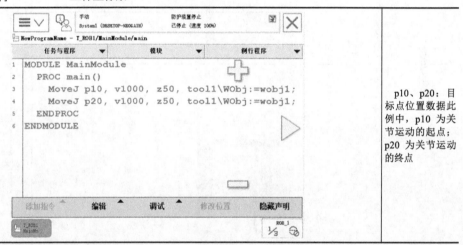

p10、p20：目标点位置数据此例中，p10 为关节运动的起点；p20 为关节运动的终点

（2）MoveL 线性运动指令

MoveL 线性运动指令，是指机器人的 TCP 从起点到终点之间的路径始终保持直线，主要用于对轨迹精度要求较高的情况，如焊接、涂胶等。在应用此指令时应注意，直线长度不能太长，否则机器人容易走到死点位置。如果走到死点位置，可以在两点之间插入一个中间点，把路径分成两部分。线性运动示意图见图 3-3。

格式：

MoweL[\Conc,]ToPint,Speed[\V][\T],Zone[\Z][\Inpos],Tool[\Wobj][\Corr];

指令格式说明：

[\Conc,]	协作运动开关
ToPint	目标点,默认为*
Speed	运行速度数据
[\V]	特殊运行速度,mm/s
[\T]	运行时间控制,s
Zone	运行转角数据

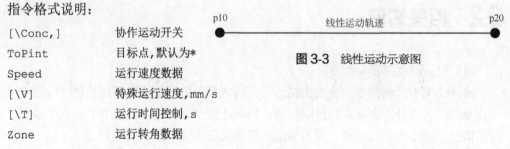

图 3-3　线性运动示意图

[\Z]	特殊运行转角，mm
[\Inpos]	运行停止点数据
Tool	工具中心点(TCP)
[\Wobj]	工件坐标系
[\Corr]	修正目标点开关

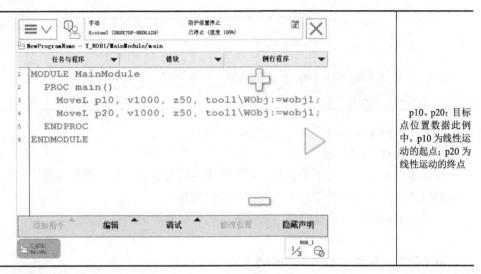

p10、p20：目标点位置数据此例中，p10 为线性运动的起点；p20 为线性运动的终点

(3) IF 条件判断指令

格式：

IF 表达式 THEN
    语句
ENDIF

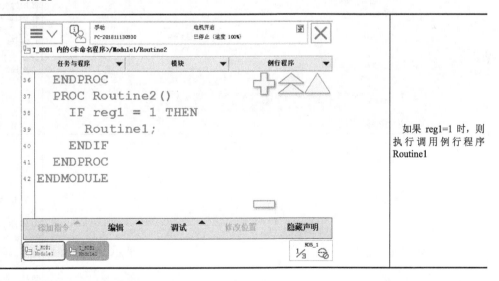

如果 reg1=1 时，则执行调用例行程序 Routine1

(4) WaitTime 时间等待指令

WaitTime 是时间等待指令，用于程序在等待一个指定的时间以后，再继续向下执行的情况。

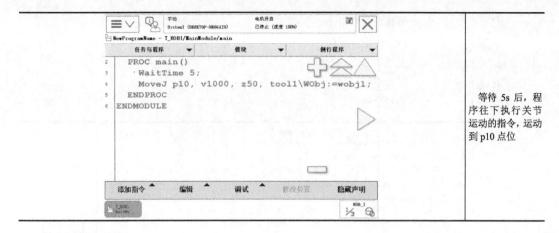

等待 5s 后，程序往下执行关节运动的指令，运动到 p10 点位

（5）赋值指令

格式：变量：=表达式；

赋值指令左边必须是单个变量，右边的表达式可以是常量、变量或普通表达式。其作用是将赋值指令右边的表达式的值赋给左边的变量。

下面就以添加一个常量赋值与数字表达式赋值来说明此指令的使用。

常量赋值：reg6：=4；

数字表达式赋值：reg7：=reg6+6；

添加常量赋值指令的操作：

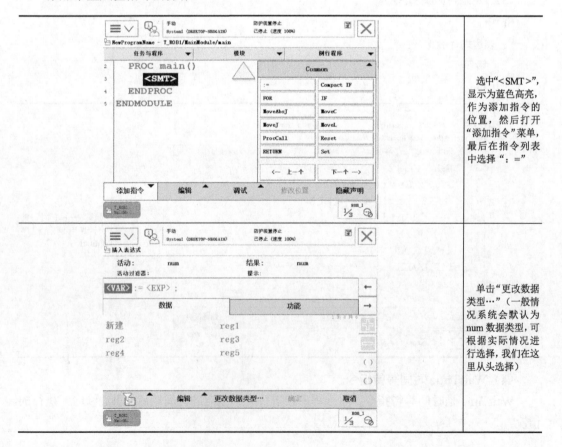

选中"<SMT>"，显示为蓝色高亮，作为添加指令的位置，然后打开"添加指令"菜单，最后在指令列表中选择"：="

单击"更改数据类型…"（一般情况系统会默认为 num 数据类型，可根据实际情况进行选择，我们在这里从头选择）

续表

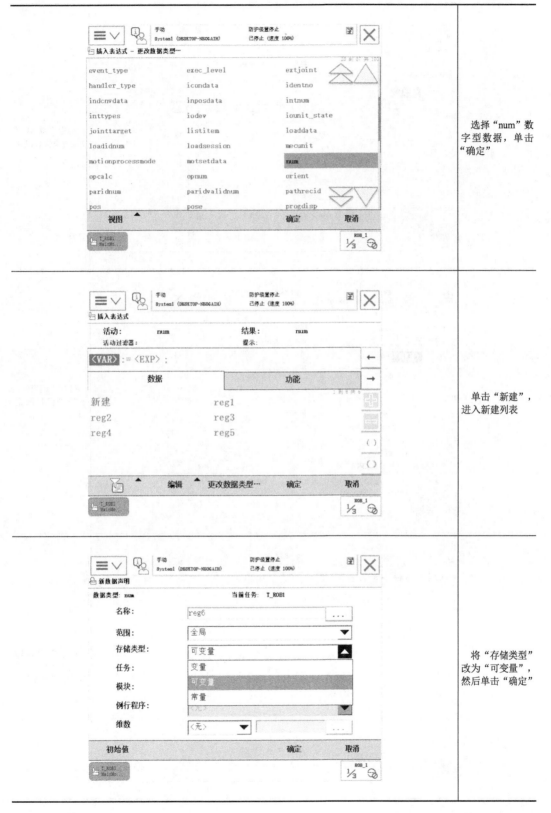

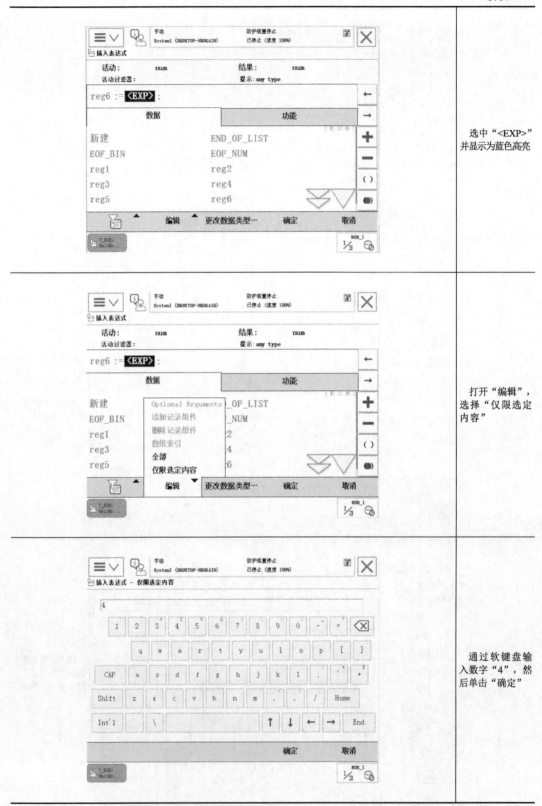

续表

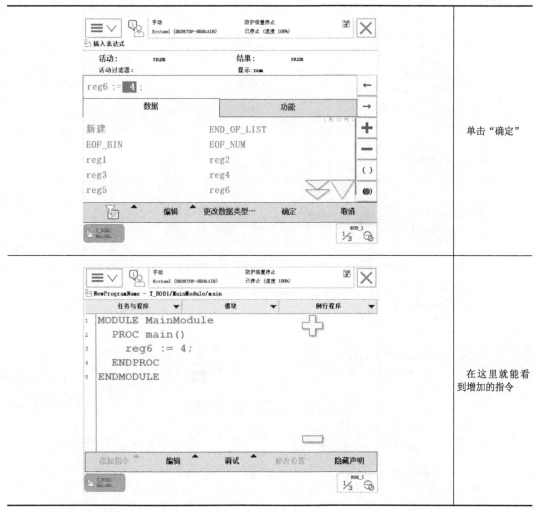

	单击"确定"
	在这里就能看到增加的指令

添加带有数字表达式的赋值指令的操作：

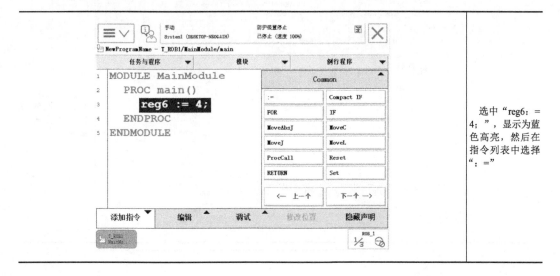

选中"reg6：= 4；"，显示为蓝色高亮，然后在指令列表中选择"：="

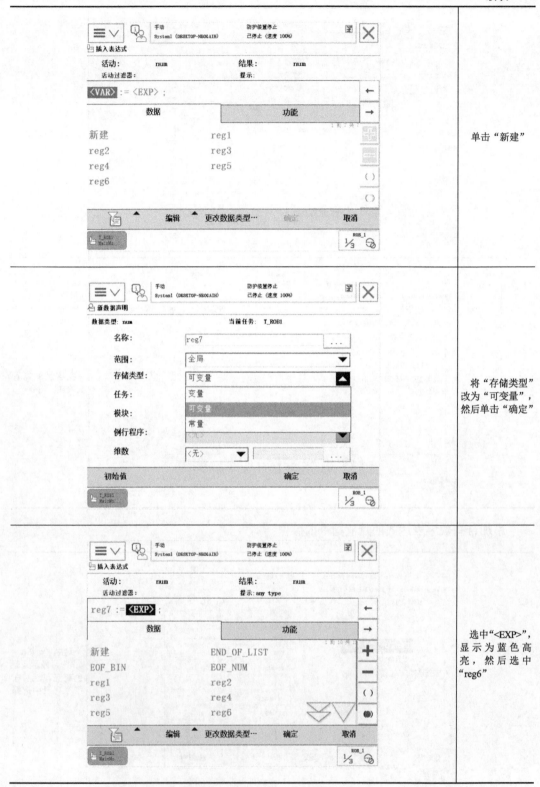

续表

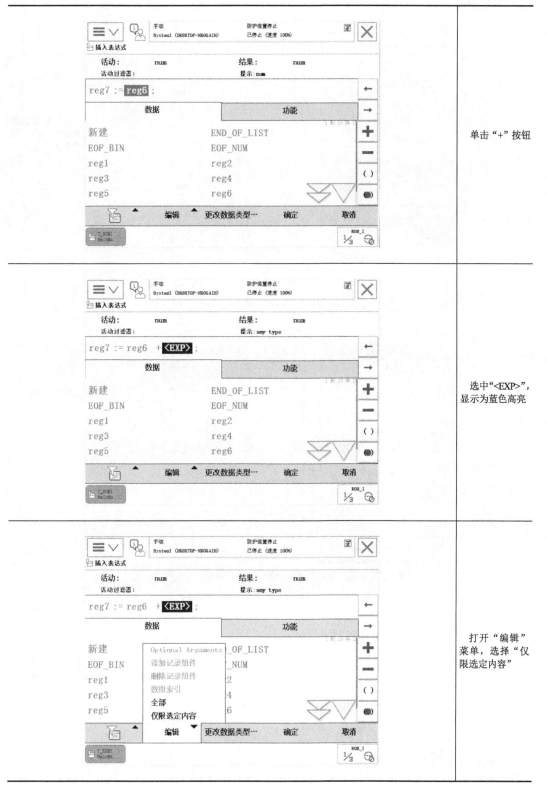

	单击"+"按钮
	选中"<EXP>",显示为蓝色高亮
	打开"编辑"菜单,选择"仅限选定内容"

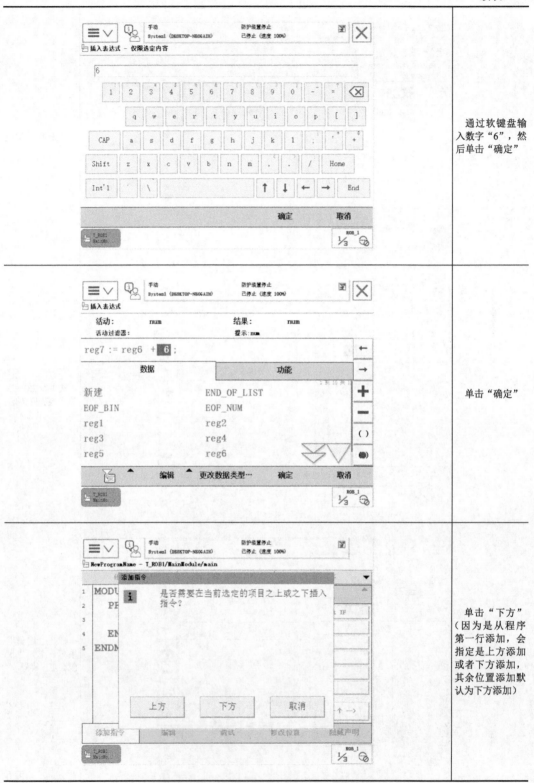

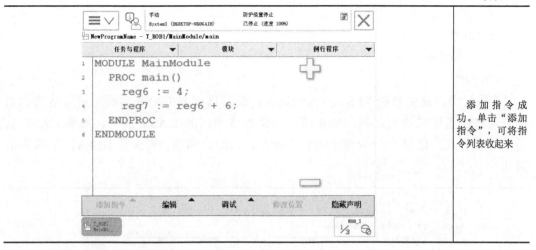	添加指令成功。单击"添加指令",可将指令列表收起来

(6) Set 数字信号置位指令

格式：Set Signal❶（Signal 为机器人输出信号名称）；

应用：Set 数字信号置位指令用于将数字输出（digital output）置位为"1"。

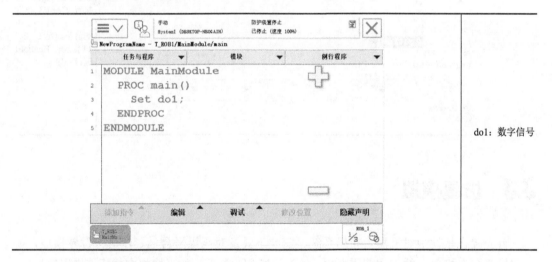	do1：数字信号

(7) TEST 条件判断指令

TEST 语句是一种专门用于处理分支较多的选择结构的语句。其特点是这些分支在同一级，其功能和 IF...ELSEIF...ELSE..相同。

格式：

```
TEST 表达式
CASE 常量表达式1:
    语句1;
……
```

---

❶ 如果在 Reset、Set 指令前有运动指令 MoveAbsJ、MoveC、MoveJ、MoveL 的转弯区数据，必须使用 fine 才可以准确地输出 I/O 信号状态变化。

```
CASE 常量表达式 n：
    语句 n；
DEFAULT：
    语句 n+1；
ENDTEST
```

在执行中，首先判断 TEST 后面表达式的值，再判断 CASE 后面常量表达式的值是否与前面表达式的值相同，如相同，则执行值相同的 CASE 语句。如果 CASE 后面常量表达式的值没有一个和 TEST 后面表达式的值相同，则执行 DEFAULT 后面的语句。

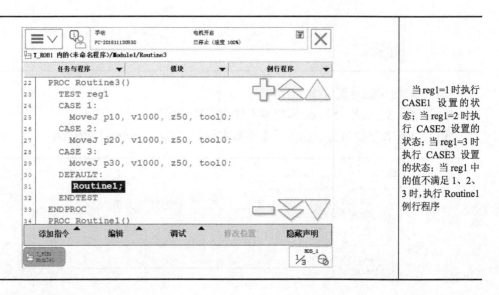

当 reg1=1 时执行 CASE1 设置的状态；当 reg1=2 时执行 CASE2 设置的状态；当 reg1=3 时执行 CASE3 设置的状态；当 reg1 中的值不满足 1、2、3 时，执行 Routine1 例行程序

3.3 仿真模拟

首先要在软件中对机器人布局系统、安装工具及对码垛平台 A、B 进行位置摆放，确认码垛平台在机器人的工作范围之内，然后进行程序编写。仿真模拟完成后，将程序导出，在实机上进行检测。

① 布局系统、安装工具、将码垛平台摆放在机器人工作范围内等步骤可以参照上一节内容进行设置。

② 建立复位及夹爪信号可以参照第 3 章内容进行创建，并与实际情况保持一致。我们这里以 DQSCD652 板子—输入信号-Res 地址为 10，DQSCD652 板子—输出信号-Grip 地址为 4 为例进行讲述。

在熟悉了 RAPID 程序后，可以根据实际的需要在此程序的基础上做适用性的修改，以满足实际逻辑与动作的控制。

以下是实现机器人逻辑和动作控制的 RAPID 程序：

（1）创建所需要的例行程序及数据

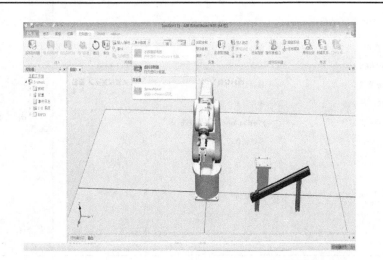

在"控制器"功能选项卡中单击"示教器"的下拉菜单，单击"虚拟示教器"

单击"虚拟控制器"，选择中间"手动"功能

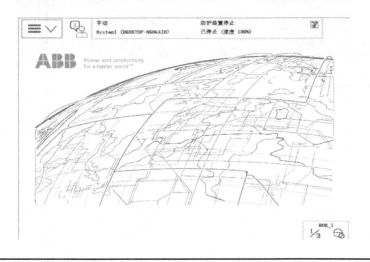

单击"≡∨"

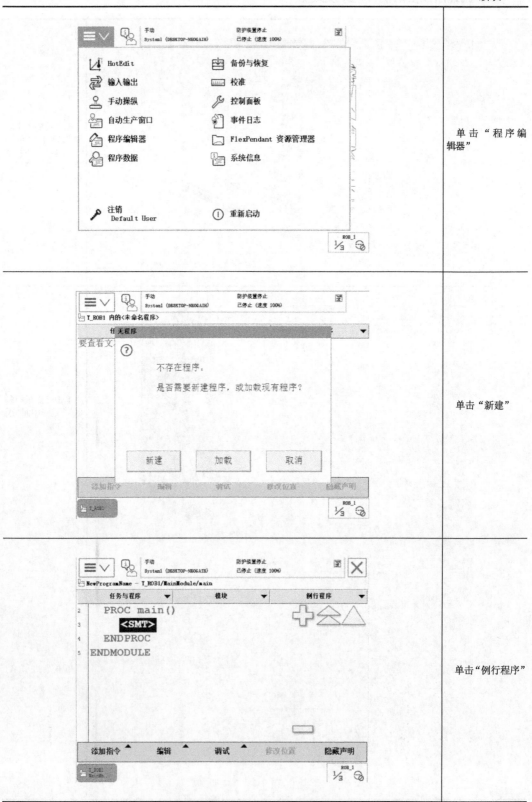

续表

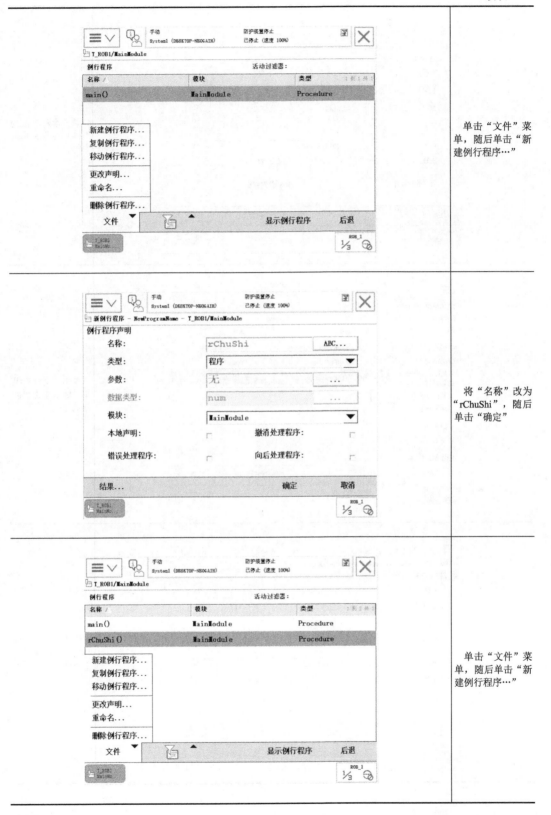

操作图示	操作说明
	单击"文件"菜单，随后单击"新建例行程序…"
	将"名称"改为"rChuShi"，随后单击"确定"
	单击"文件"菜单，随后单击"新建例行程序…"

第3章 码垛 — 063

图示	操作说明
 (界面截图：新例行程序，名称 rPick，类型 程序，模块 MainModule)	将"名称"改为"rPick"，随后单击"确定"
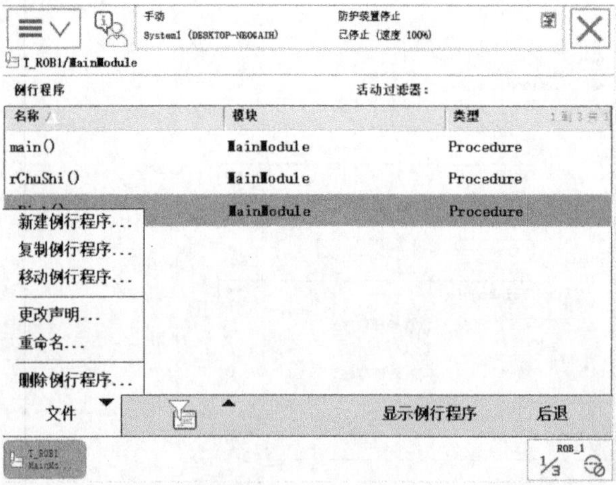 (界面截图：例行程序列表，显示 main()、rChuShi()，文件菜单展开：新建例行程序…、复制例行程序…、移动例行程序…、更改声明…、重命名…、删除例行程序…)	单击"文件"菜单，随后单击"新建例行程序…"
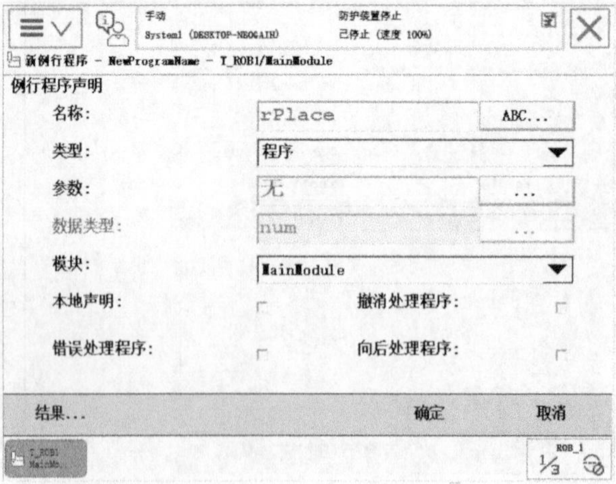 (界面截图：新例行程序，名称 rPlace，类型 程序，模块 MainModule)	将"名称"改为"rPlace"，随后单击"确定"

续表

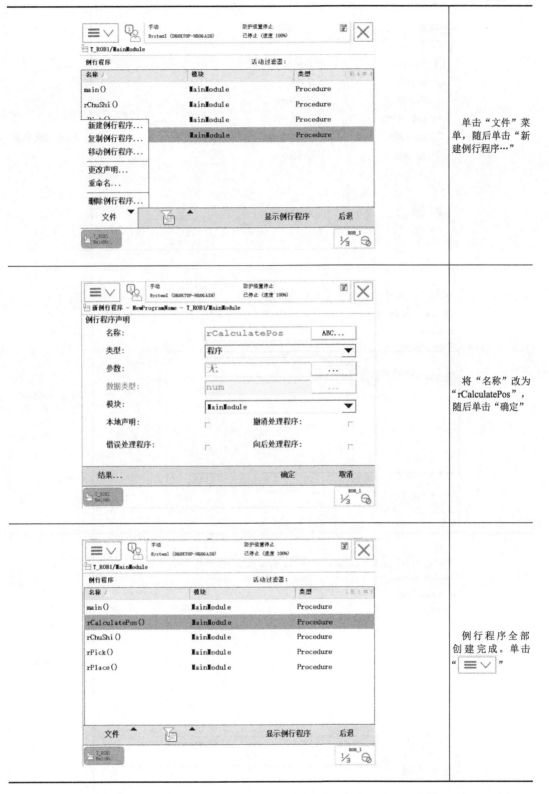

操作步骤
单击"文件"菜单,随后单击"新建例行程序…"
将"名称"改为"rCalculatePos",随后单击"确定"
例行程序全部创建完成。单击"☰∨"

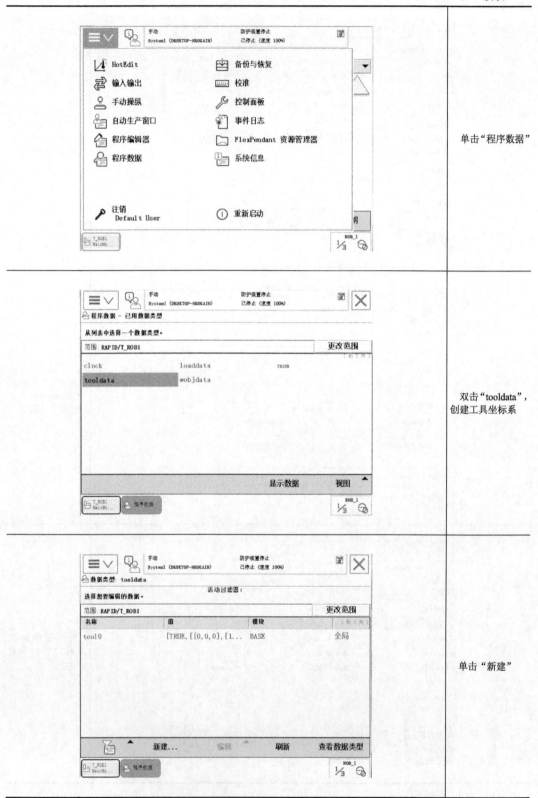	单击"程序数据"
	双击"tooldata"，创建工具坐标系
	单击"新建"

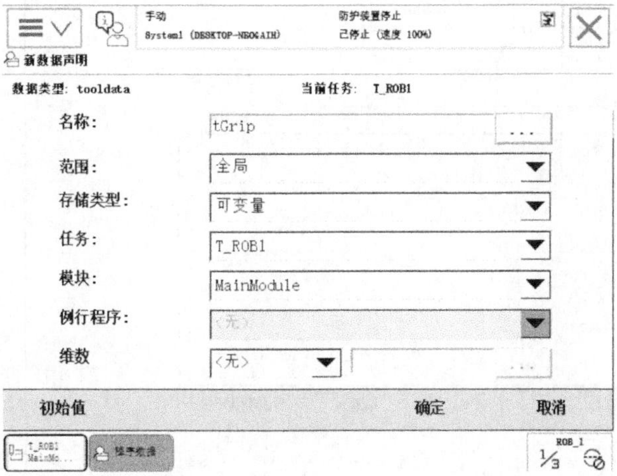

操作图示	说明
(新数据声明界面，名称：tGrip，范围：全局，存储类型：可变量，任务：T_ROB1，模块：MainModule)	将"名称"改为"tGrip"、"范围"改为"全局"、"存储类型"改为"可变量"，随后单击"确定"
(数据类型 tooldata 列表，显示 tGrip 和 tool0，均为全局)	单击"查看数据类型"
(程序数据-已用数据类型列表，显示 clock、tooldata、loaddata、wobjdata、num)	双击"wobjdata"，创建工件坐标系

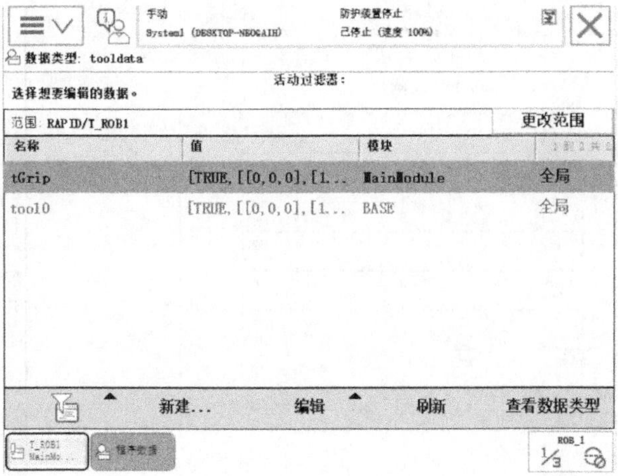

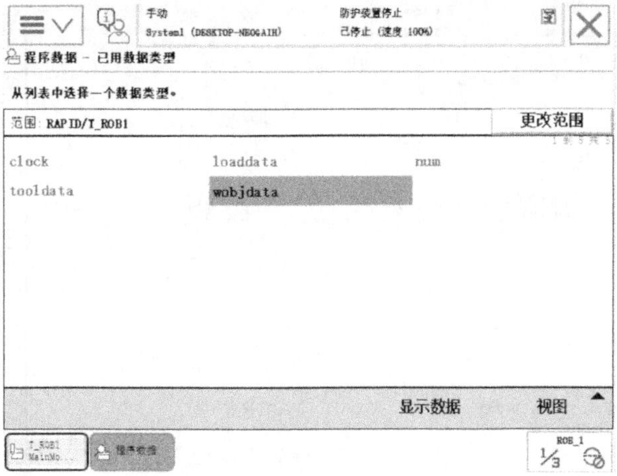

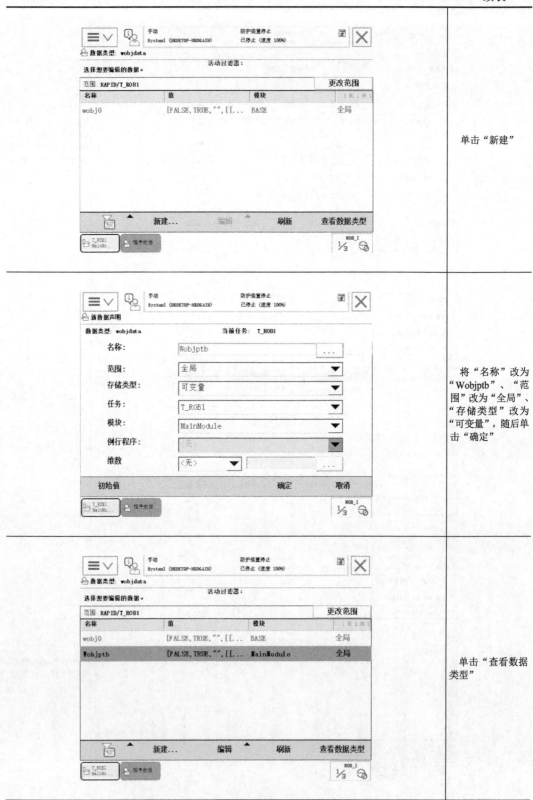

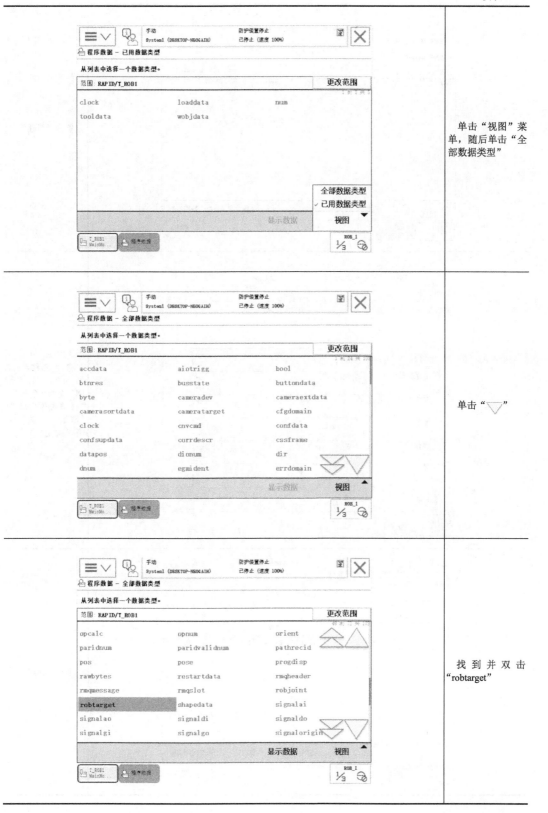

(screen showing empty robtarget data list with 新建... button)	单击"新建"
(新数据声明 screen with 名称: pPick, 范围: 全局, 存储类型: 常量, 任务: T_ROB1, 模块: MainModule, 例行程序: 〈无〉, 维数: 〈无〉)	将"名称"改为"pPick"、"范围"改为"全局"、"存储类型"改为"常量",随后单击"确定"
(screen showing pPick [[364.35,0,594],[... MainModule 全局)	单击"新建"

(界面：新数据声明，名称 pHome，范围 全局，存储类型 常量，任务 T_ROB1，模块 MainModule)	将"名称"改为"pHome"、"范围"改为"全局"、"存储类型"改为"常量"，随后单击"确定"
(界面：数据类型 robtarget，范围 RAPID/T_ROB1，显示 pHome [[364.35,0,594],[...]] MainModule 全局，pPick [[364.35,0,594],[...]] MainModule 全局)	单击"新建"
(界面：新数据声明，名称 pPlaceBase，范围 全局，存储类型 常量，任务 T_ROB1，模块 MainModule)	将"名称"改为"pPlaceBase"、"范围"改为"全局"、"存储类型"改为"常量"，随后单击"确定"

续表

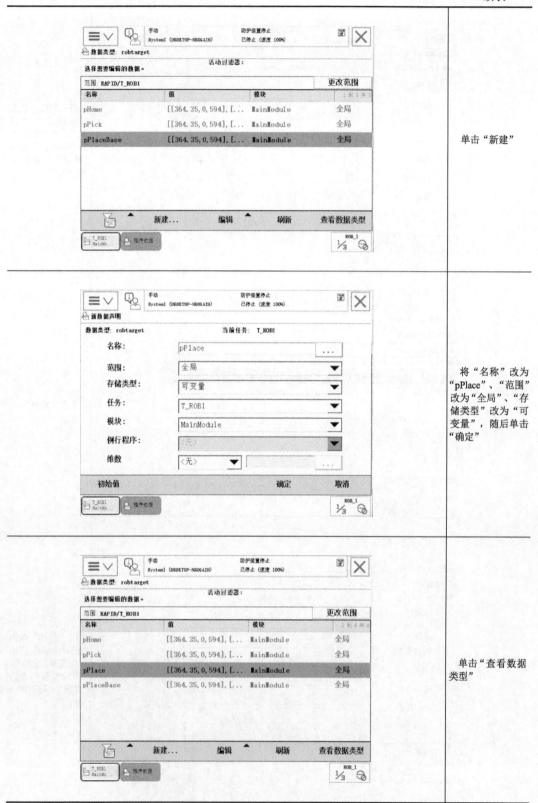	单击"新建"
	将"名称"改为"pPlace"、"范围"改为"全局"、"存储类型"改为"可变量",随后单击"确定"
	单击"查看数据类型"

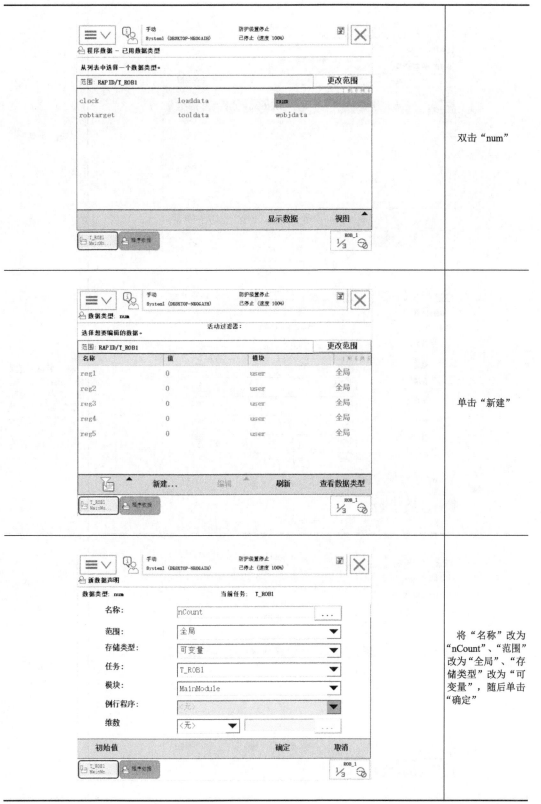	双击"num"
	单击"新建"
	将"名称"改为"nCount"、"范围"改为"全局"、"存储类型"改为"可变量",随后单击"确定"

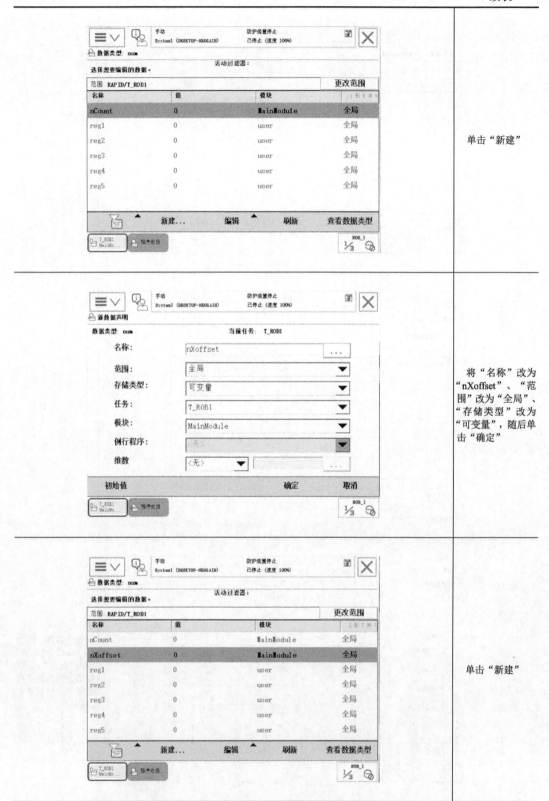

续表

图示	说明
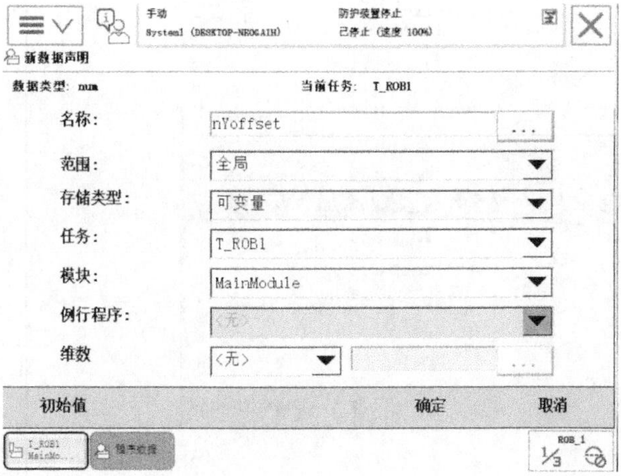 (新数据声明界面，数据类型：num，名称：nYoffset，范围：全局，存储类型：可变量，任务：T_ROB1，模块：MainModule)	将"名称"改为"nYoffset"、"范围"改为"全局"、"存储类型"改为"可变量"，随后单击"确定"
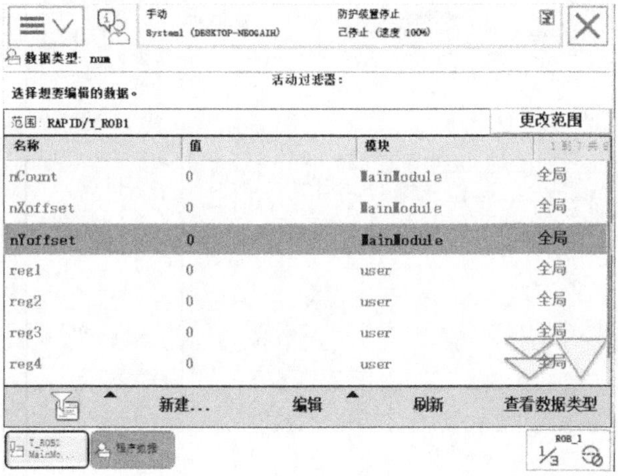 (数据列表界面，范围：RAPID/T_ROB1，显示 nCount、nXoffset、nYoffset、reg1、reg2、reg3、reg4 等变量)	单击"新建"
 (新数据声明界面，数据类型：num，名称：nZoffset，范围：全局，存储类型：可变量，任务：T_ROB1，模块：MainModule)	将"名称"改为"nZoffset"、"范围"改为"全局"、"存储类型"改为"可变量"，随后单击"确定"

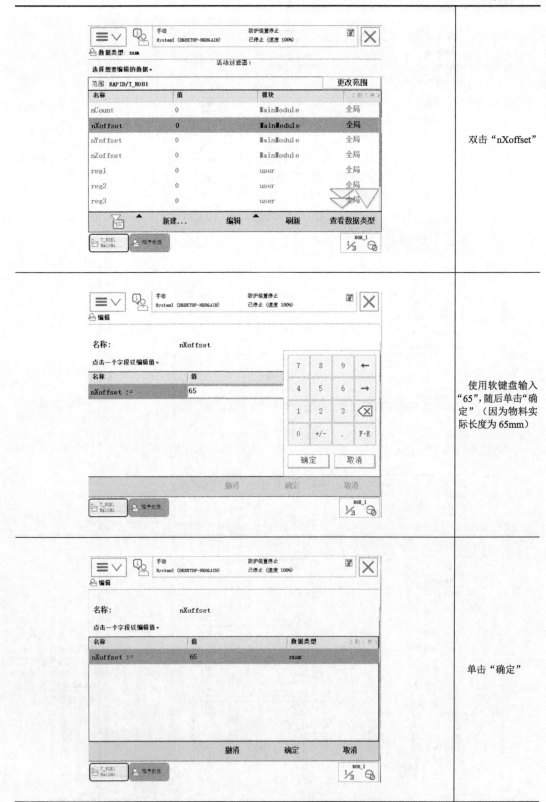	双击"nXoffset"
	使用软键盘输入"65",随后单击"确定"(因为物料实际长度为65mm)
	单击"确定"

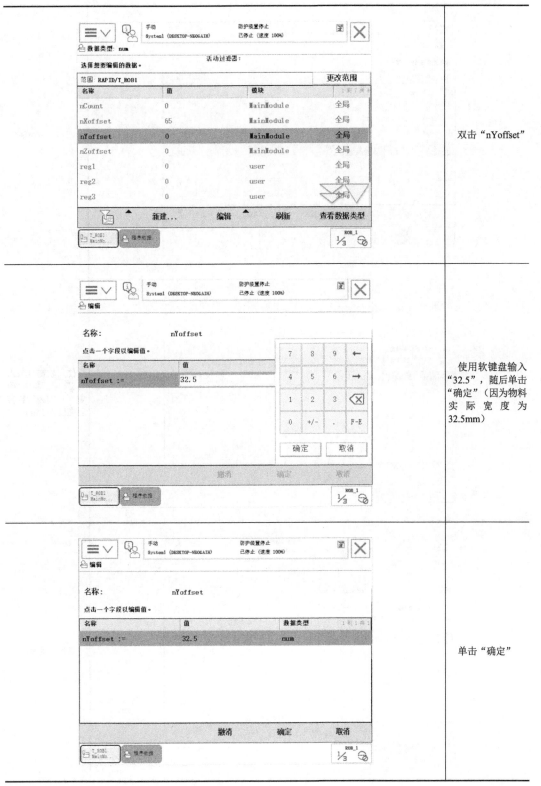

	双击"nYoffset"
	使用软键盘输入"32.5",随后单击"确定"(因为物料实际宽度为32.5mm)
	单击"确定"

续表

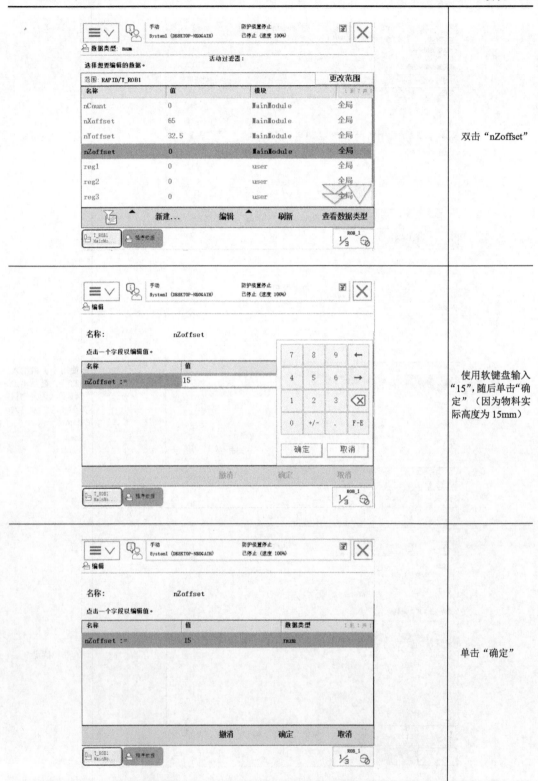	双击"nZoffset"
	使用软键盘输入"15",随后单击"确定"(因为物料实际高度为15mm)
	单击"确定"

续表

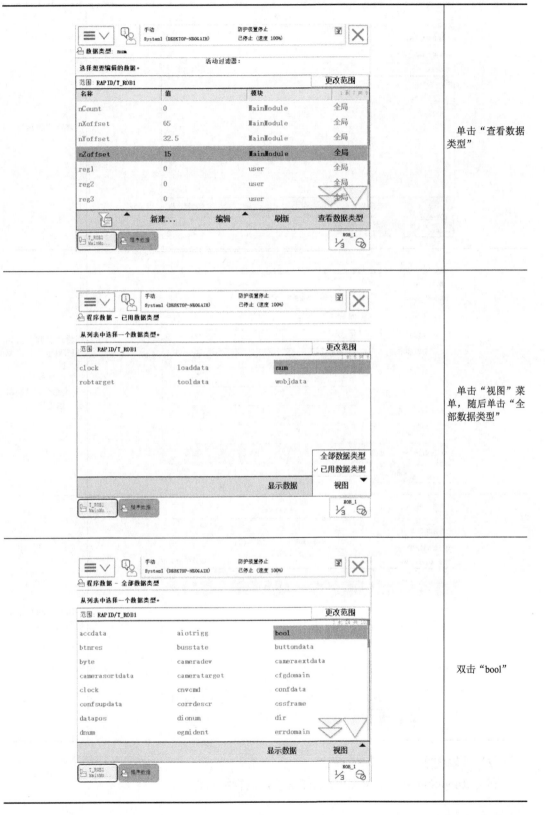

	单击"查看数据类型"
	单击"视图"菜单，随后单击"全部数据类型"
	双击"bool"

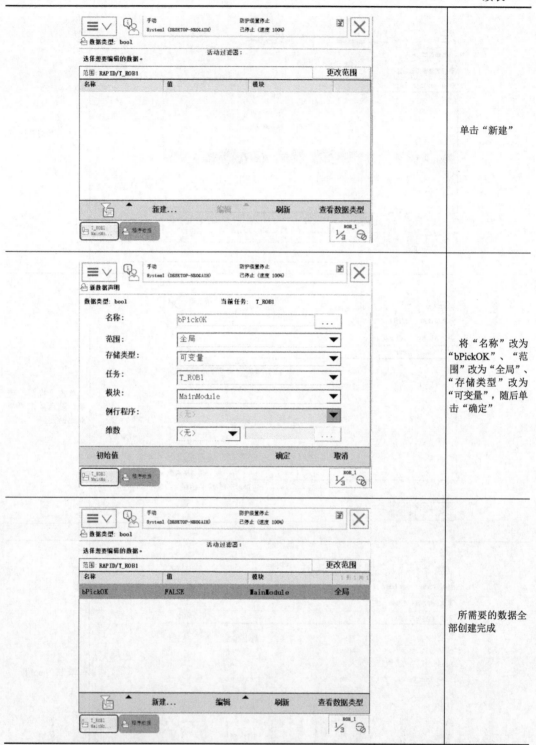

(2) 编辑程序

利用 RobotStudio 中的 RAPID 功能选项,进行编辑程序。

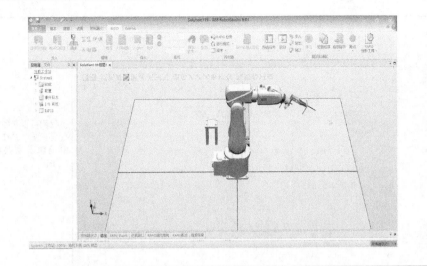	在"RAPID"功能选项卡中,单击"控制器"
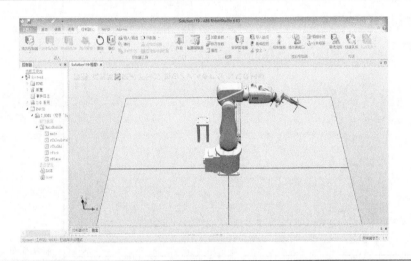	依次展开"System1""RAPID""T_ROB1""Main-Module"
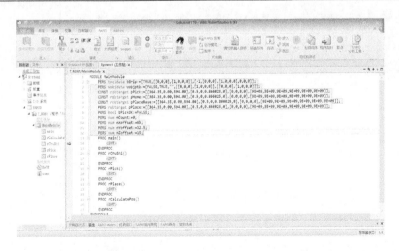	双击"main",现在在System1中显示的是刚才创建的所有例行程序及数据

我们可以在各例行程序的"<SMT>"中编辑所需要的程序

将编辑好的程序用U盘导出

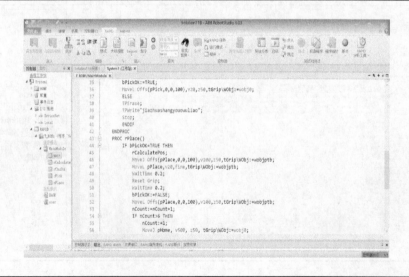

续表

	将编辑好的程序用U盘导出

3.4 现场实施

将仿真生成的程序导入机器人，进行实际查看。

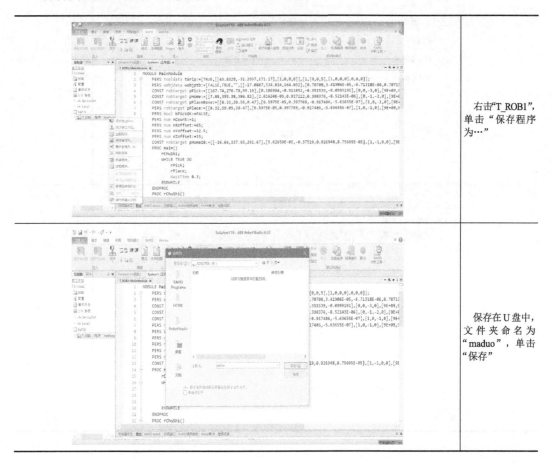	右击"T_ROB1"，单击"保存程序为…"
	保存在U盘中，文件夹命名为"maduo"，单击"保存"

第3章 码垛 — 083

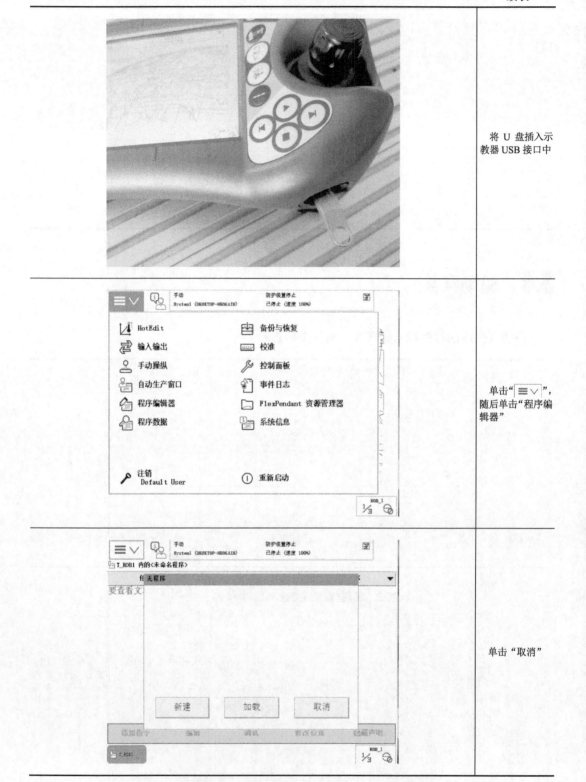

续表

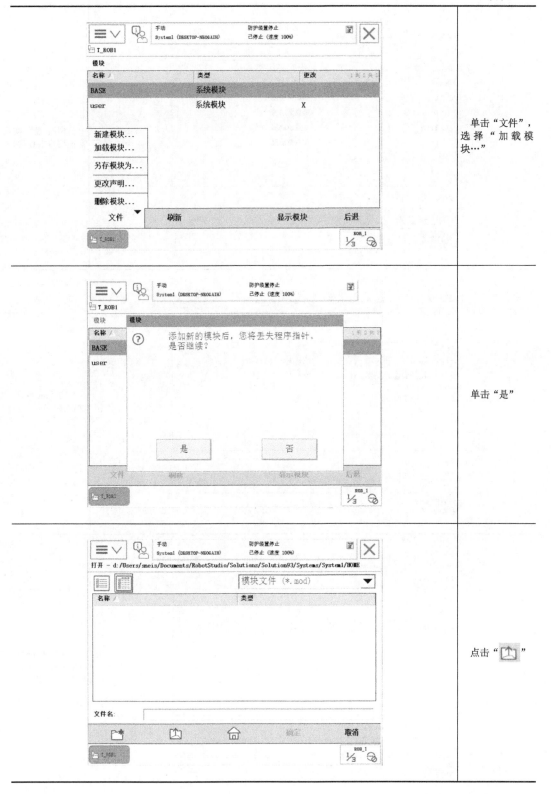

操作步骤
单击"文件",选择"加载模块…"
单击"是"
点击" "

第3章 码垛 — 085

续表

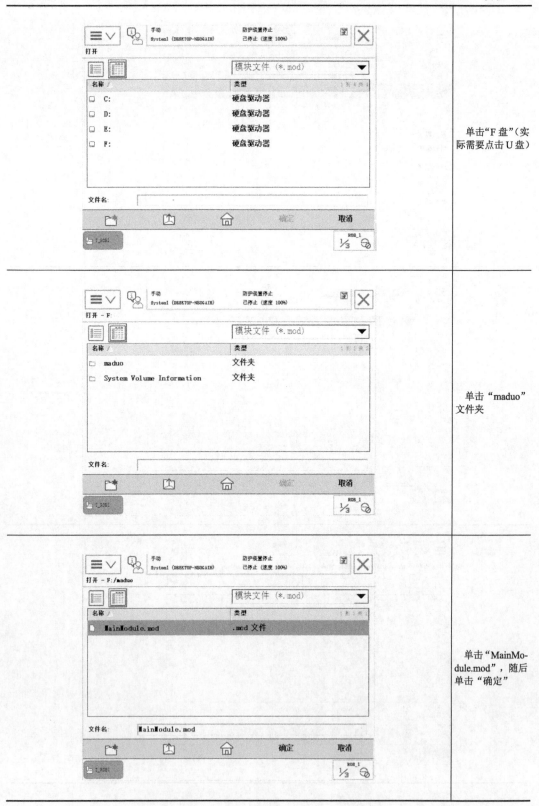	单击"F盘"（实际需要点击U盘）
	单击"maduo"文件夹
	单击"MainModule.mod"，随后单击"确定"

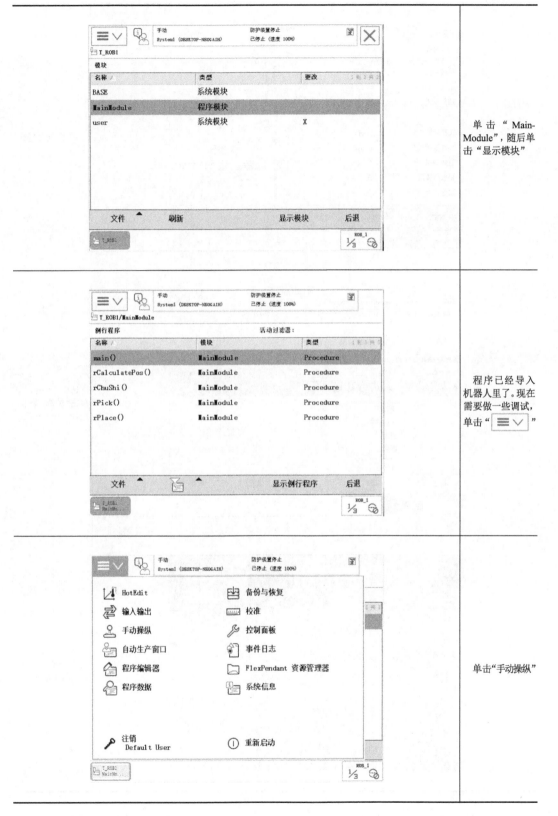

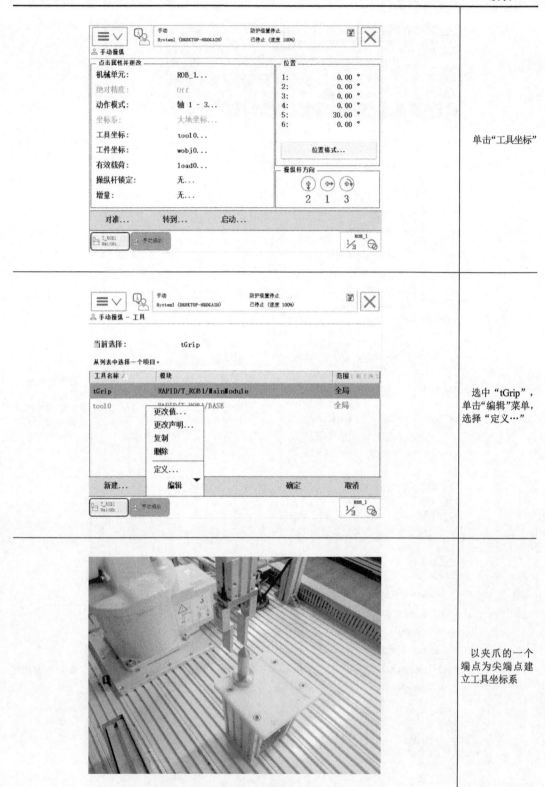

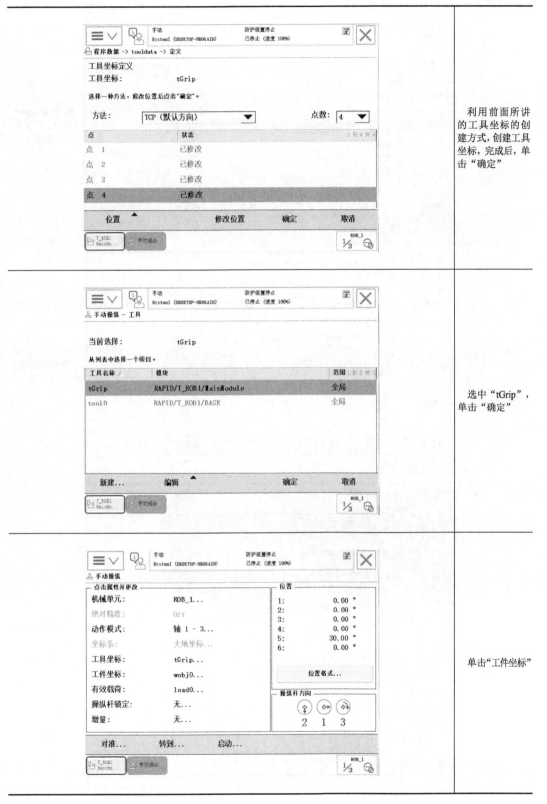

续表

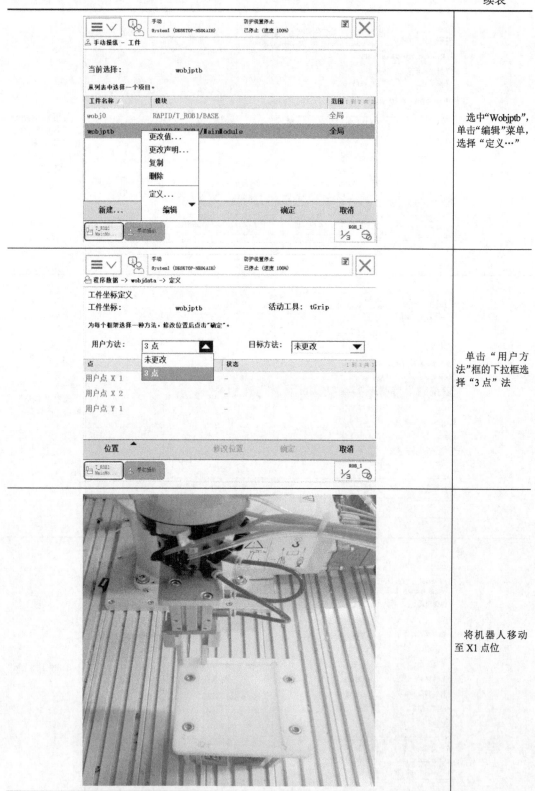	选中"Wobjptb",单击"编辑"菜单,选择"定义…"
	单击"用户方法"框的下拉框选择"3点"法
	将机器人移动至X1点位

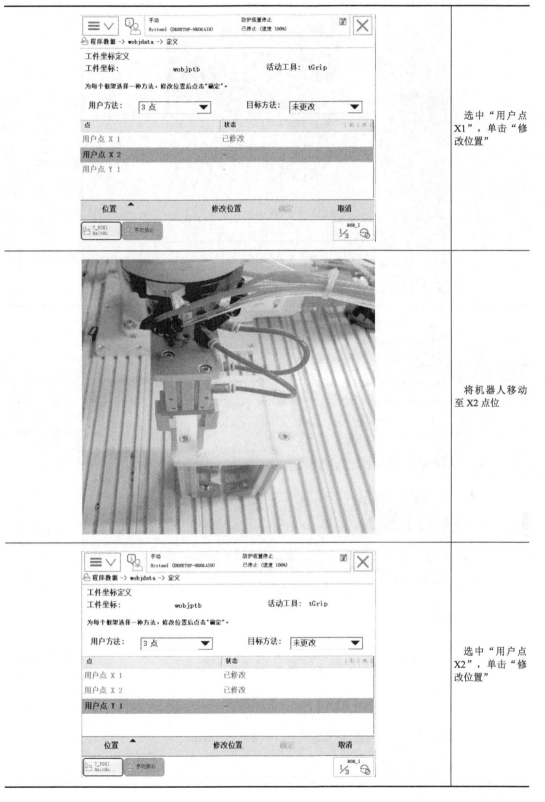

续表

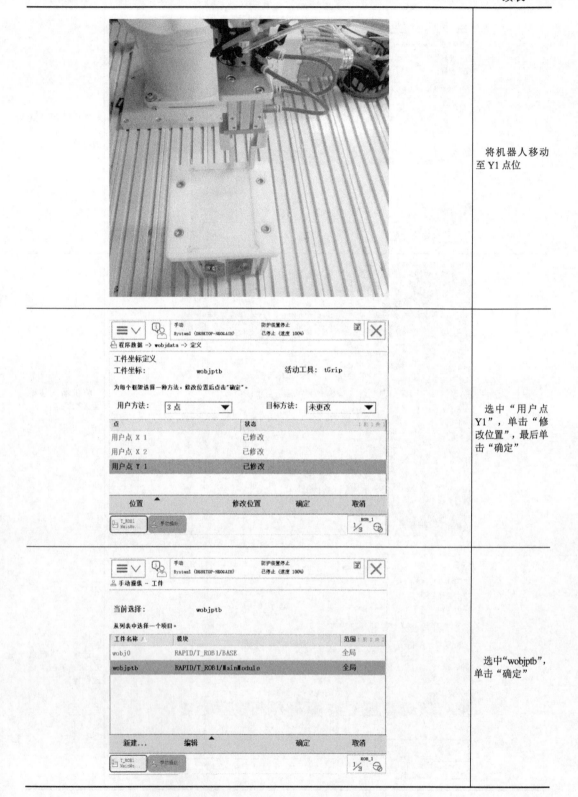

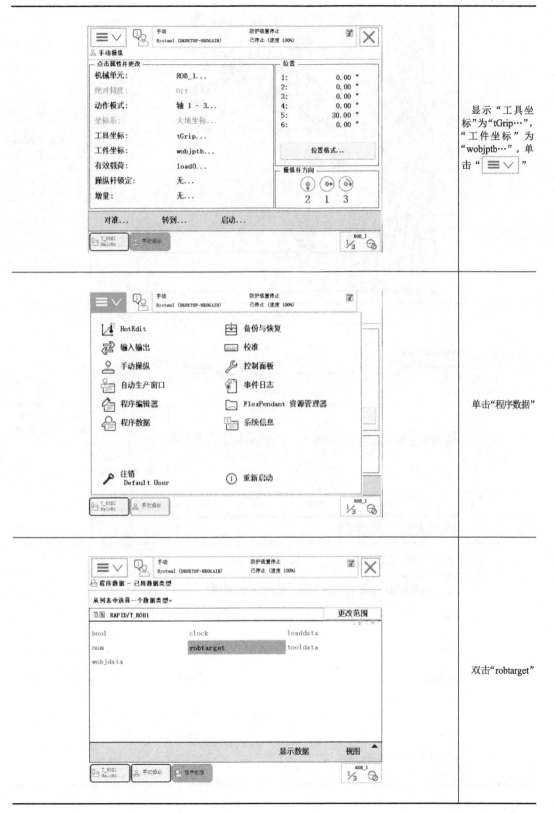

续表

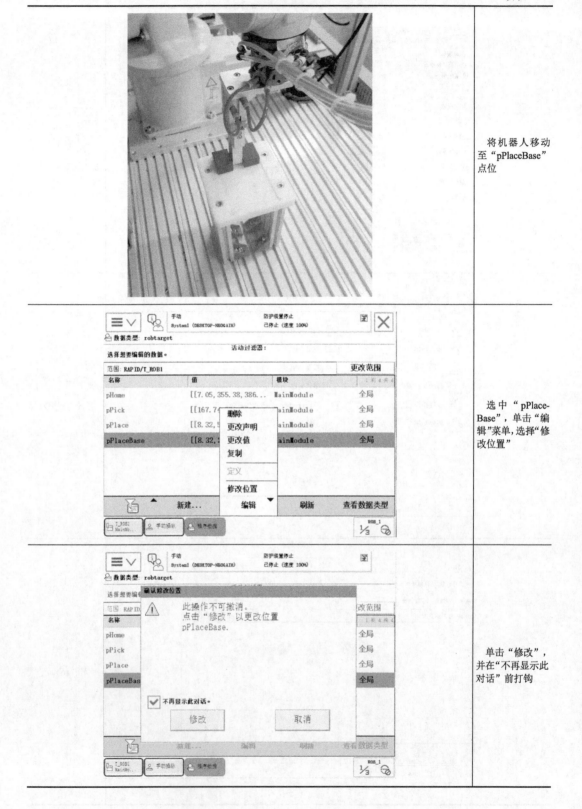	将机器人移动至"pPlaceBase"点位
	选中"pPlaceBase",单击"编辑"菜单,选择"修改位置"
	单击"修改",并在"不再显示此对话"前打钩

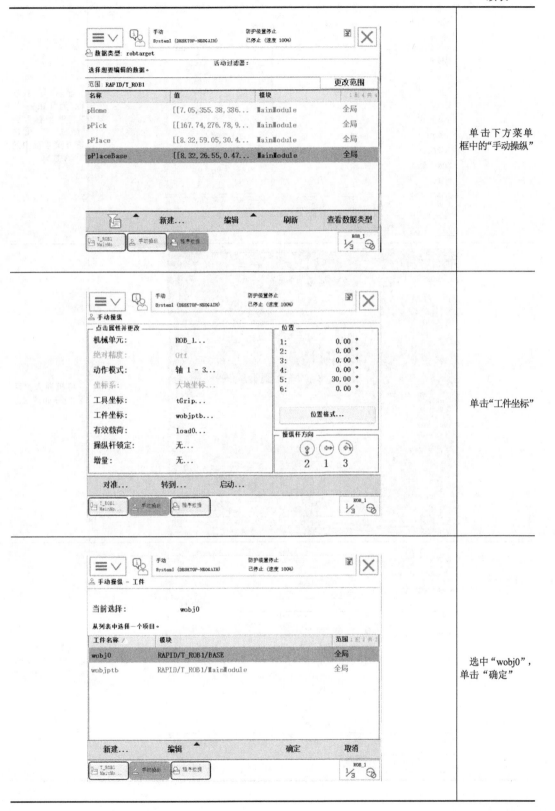

	单击下方菜单框中的"手动操纵"
	单击"工件坐标"
	选中"wobj0",单击"确定"

第3章 码垛 — 095

续表

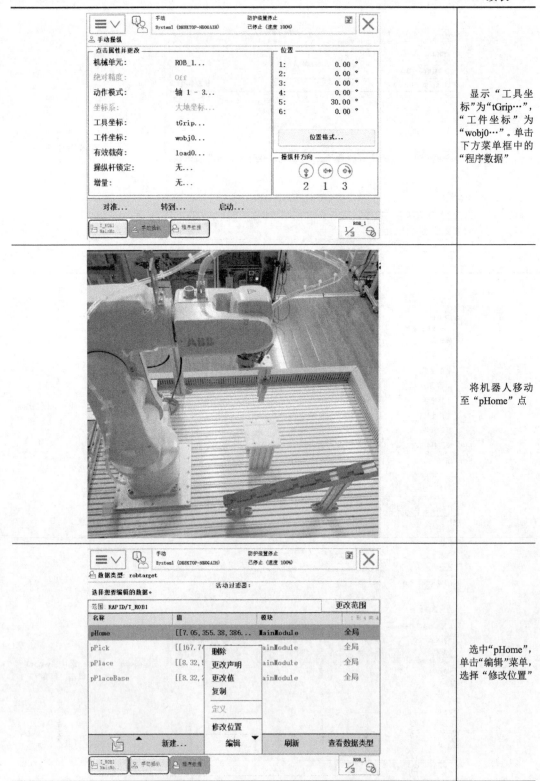	显示"工具坐标"为"tGrip…","工件坐标"为"wobj0…"。单击下方菜单框中的"程序数据"
	将机器人移动至"pHome"点
	选中"pHome",单击"编辑"菜单,选择"修改位置"

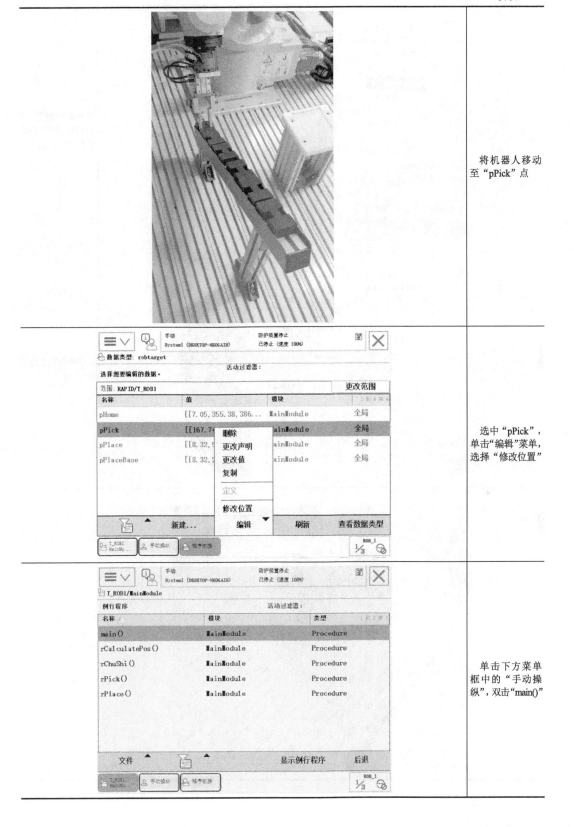

	将机器人移动至"pPick"点
	选中"pPick",单击"编辑"菜单,选择"修改位置"
	单击下方菜单框中的"手动操纵",双击"main()"

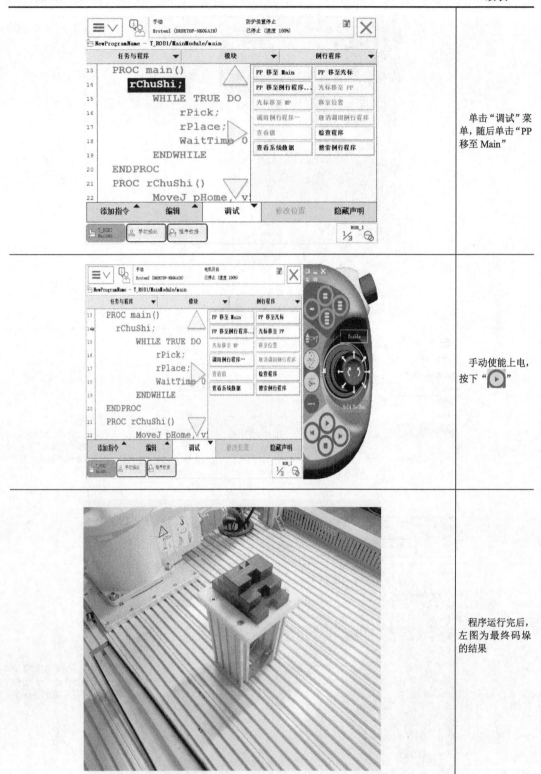

	单击"调试"菜单，随后单击"PP 移至 Main"
	手动使能上电，按下" "
	程序运行完后，左图为最终码垛的结果

码垛程序及含义:

```
MODULE MainModule
    PERS tooldata
    tGrip:=[TRUE,[[43.8329,-31.2937,171.17],[1,0,0,0]],[1,
[0,0,5],[1,0,0,0],0,0,0]];
    !定义工具坐标系数据 tGrip
    PERS wobjdata
    wobjptb:=[FALSE,TRUE,"",[[-17.0887,334.814,164.032],
[0.70708,3.41906E-05,-6.71318E-06,0.707134]],[[0,0,0],[1,0,0,0]]];
    !定义工件坐标系 wobjptb
    CONST robtarget
    pPick:=[[167.74,276.78,99.19],[0.186984,-0.911852,
-0.351539,-0.0999191],[0,0,-3,0],[9E+09,9E+09,9E+09,9E+09,9E+09,9E+09]];
    CONST robtarget
    pHome:=[[7.05,355.38,386.82],[2.61624E-05,0.917222,
0.398376,-8.52143E-06],[0,-1,-2,0],[9E+09,9E+09,9E+09,9E+09,9E+09,9E+09]];
    CONST robtarget
    pPlaceBase:=[[8.32,26.55,0.47],[6.5975E-05,0.397769,
-0.917486,-5.63655E-07],[1,0,-1,0],[9E+09,9E+09,9E+09,9E+09,9E+09,9E+09]];
    PERS robtarget
    pPlace:=[[8.32,59.05,30.47],[6.5975E-05,0.397769,
-0.917486,-5.63655E-07],[1,0,-1,0],[9E+09,9E+09,9E+09,9E+09,9E+09,9E+09]];
    !需要示教的目标点数据,抓取点 pPick、Home 点 pHome、放置基准点 pPlaceBase
    PERS bool bPickOK:=FALSE;
    !布尔量,当拾取动作完成后将其置为 TRUE,放置完成后将其置为 FALSE,以作逻辑控制之用
    PERS num nCount:=1;
    !数字型变量 nCount,此数据用于物块计数,根据此数据的数值赋予放置目标点 pPlace 不同的
位置数据,以实现多点位放置
    PERS num nXoffset:=65;
    PERS num nYoffset:=32.5;
    PERS num nZoffset:=15;
    !数字型变量,用作放置位置偏移数据,即物块摆放位置之间在 X、Y、Z 方向的单个间隔距离
    PROC main()
        !主程序
        rChuShi;
        !调用初始化程序
        WHILE TRUE DO
        !利用 WHILE 循环将初始化程序隔开
            rPick;
            !调用拾取程序
            rPlace;
            !调用放置程序
            WaitTime 0.3;
            !循环等待时间,防止在不满足机器人动作情况下程序扫描太快,造成 CPU 过负荷
        ENDWHILE
    ENDPROC
```

```
PROC rChuShi()
    !初始化程序
    MoveJ pHome,v500,z50,tGrip\WObj:=wobj0;
    !利用MoveJ回Home点
    nCount:=1;
    !计数初始化,将用于物块的计数数值设置为1,即从放置的第一个位置开始摆放
    Reset Grip;
    !信号初始化,复位信号,打开夹爪
    bPickOK:= FALSE;
    !布尔量初始化,将拾取布尔量置位FALSE
ENDPROC
PROC rPick()
    !拾取物块程序
    IF bPickOK=FALSE THEN
    !当拾取布尔量bPickOK为FALSE时,则执行IF条件下的拾取动作指令,否则执行ELSE中出错处理的指令,因为当机器人去拾取物块时,需保证其夹爪上面没有物块
    MoveJ Offs(pPick,0,0,100),v200,z50,tGrip\WObj:=wobj0;
    !利用MoveJ指令移至拾取位置pPick点正上方Z轴方向100mm处
    MoveL pPick,v20,fine,tGrip\WObj:=wobj0;
    WaitTime 0.2;
    !等待0.2s
    Set Grip;
    !将夹爪信号置1,控制夹爪闭合,将物块夹住
    WaitTime 0.2;
    !等待0.2s
    bPickOK:=TRUE;
    !夹住后,将拾取的布尔量置为TRUE,表示机器人夹爪上面已拾取一个物块
    MoveL Offs(pPick,0,0,100),v20,z50,tGrip\WObj:=wobj0;
    !利用MoveL指令移至拾取位置pPick点正上方Z轴方向100mm处
    ELSE
    TPErase;
    TPWrite"jiazhuashangyouwuliao";
    Stop;
    !如果在拾取开始之前,拾取布尔量已经为TRUE,则表示夹爪上面已有产品,此种情况下机器人不能再去拾取另一个产品,此时通过写屏指令描述当前错误状态,并提示操作员检查当前夹爪状态,排除错误状态后,再开始下一个循环。同时,利用STOP指令停止程序运行
    ENDIF
ENDPROC
PROC rPlace()
    !放置程序
    IF bPickOK=TRUE THEN
        rCalculatePos;
        !调用计算放置位置程序,此程序会判断当前计数nCount的值,从而对放置点pPlace赋予不同的放置位置数据
        MoveJ Offs(pPlace,0,0,100),v100,z50,tGrip\WObj:=wobjptb;
        !利用MoveJ指令移至拾取位置pPlace点正上方Z轴方向100mm处
        MoveL pPlace,v20,fine,tGrip\WObj:=wobjptb;
```

!利用 MoveL 指令移至放置位置 pPlace 点处
WaitTime 0.2;
!等待 0.2s
Reset Grip;
!复位夹爪信号,控制夹爪打开,将物块放下
WaitTime 0.2;
!等待 0.2s
bPickOK:=FALSE;
!此时夹爪已将物块放下,需要将拾取布尔量置为 FALSE,以便在下一个循环拾取程序中判断夹爪的当前状态
MoveL Offs(pPlace,0,0,100),v100,z50,tGrip\WObj:=wobjptb;
!利用 MoveL 指令移至拾取位置 pPlace 点正上方 Z 轴方向 100mm 处
nCount:=nCount+1;
!物块计数 nCount 加 1,通过累计 nCount 的数值,在计算放置位置的程序 rCalculatePos 中赋予放置点 pPlace 不同的位置数据
IF nCount>6 THEN
!判断计算是否大于 6,我们演示的状况是放置 6 个物块,即表示已满载,需要取下物块以及进行其他复位操作,如 nCount、满足信号等
nCount:=1;
!计数复位,将 nCount 赋值为 1
MoveJ pHome,v500,z50,tGrip\WObj:=wobj0;
!机器人移至 Home 点,此处可根据实际情况来设置机器人的动作
WaitDI Res,1;
!等待复位信号,即物块已被取走
ENDIF
ENDIF
ENDPROC
PROC rCalculatePos()
!计算位置子程序
TEST nCount
!检测当前计数 nCount 的数值
CASE 1:
pPlace:=Offs(pPlaceBase,0,0,0);
!若 nCount 为 1,则利用 Offs 指令,以 pPlaceBase 为基准点,在坐标系 wobjptb 中沿着 X、Y、Z 方向偏移相应的数值,此处 pPlaceBase 点就是第一个放置位置,所以 X、Y、Z 偏移值均为 0,也可以直接写成:pPlace:=pPlaceBase;
CASE 2:
pPlace:=Offs(pPlaceBase,nYoffset,0,0);
!若 nCount 为 2,位置 2 相当于放置基准点 pPlaceBase 点只是在 X 正方向偏移了一个产品间隔(PERS num nXoffset:=65; PERS num nYoffset:=32.5;PERS num nZoffset:=15),由于程序是在工件坐标系 wobjptb 下进行放置动作的,所以这里所涉及的 X、Y、Z 方向均指的是 wobjptb 坐标系方向
CASE 3:
pPlace:=Offs(pPlaceBase,2*nYoffset,0,0);
!若 nCount 为 3,位置 3 相当于放置基准点 pPlaceBase 点只是在 X 正方向偏移了两个产品间隔(PERS num nXoffset:=65; PERS num nYoffset:=32.5;PERS num nZoffset:=15)

```
            CASE 4:
                pPlace:=Offs(pPlaceBase,0.5*nYoffset,0,nZoffset);
                !若 nCount 为 4,位置 4 相当于放置基准点 pPlaceBase 点只是在 X 正方向偏
移了一个产品二分之一的间隔、在 Z 正方向偏移了一个产品的间隔(PERS num nXoffset:=65; PERS
num nYoffset:=32.5;PERS num nZoffset:=15)
            CASE 5:
                pPlace:=Offs(pPlaceBase,1.5*nYoffset,0,nZoffset);
                !若 nCount 为 5,位置 5 相当于放置基准点 pPlaceBase 点只是在 X 正方向偏
移了一个产品二分之三的间隔、在 Z 正方向偏移了一个产品的间隔(PERS num nXoffset:=65; PERS
num nYoffset:=32.5;PERS num nZoffset:=15)
            CASE 6:
                pPlace:=Offs(pPlaceBase,nYoffset,0,2*nZoffset);
                !若 nCount 为 6,位置 6 相当于放置基准点 pPlaceBase 点只是在 X 正方向偏
移了一个产品的间隔、在 Z 正方向偏移了两个产品的间隔(PERS num nXoffset:=65; PERS num
nYoffset:=32.5;PERS num nZoffset:=15)
            ENDTEST
        ENDPROC
    ENDMODULE
```

第 4 章 搬 运

4.1 工作任务

在生产现场有 25 块物料，需要由 A 托盘搬运至 B 托盘。物料间的尺寸见图 4-1。现需要使用 ABB 机器人 IRB-1410，完成此项搬运工作。

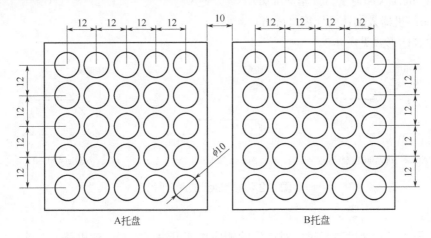

图 4-1 搬运项目示意图

4.2 相关知识

（1）WHILE 条件判断指令

WHILE 条件判断指令，用于在满足给定条件时，一直重复执行对应的指令的情况。它的特点是先判断循环条件，后执行循环体。

格式：

WHILE 循环条件表达式 DO

循环体语句

ENDWHILE

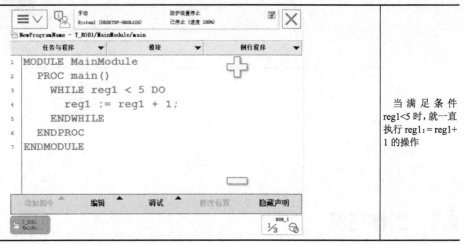

当满足条件 reg1<5 时，就一直执行 reg1:=reg1+1 的操作

（2）AccSet 定义机器人加速度指令

格式：AccSet Acc，Ramp;

Acc：机器人加速度百分率（num）

Ramp：机器人加速度坡度（num）

具体表述形式见图 4-2。

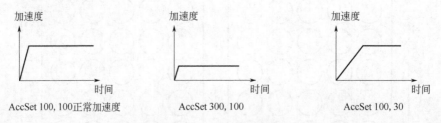

图 4-2　AccSet 加速度指令

应用：

当机器人运行速度改变时，对产生的相应加速度进行限制，使机器人高速运行时更平缓，但会延长循环时间，系统默认值为：AccSet100，100;。

限制：

机器人加速度百分率值最小为 20%，小于 20% 以 20% 计，机器人加速度坡度值最小为 10，小于 10 以 10 计。

机器人冷启动，新程序载入与程序重置后，系统自动设置为默认值。

（3）Velset 设定最大的速度与倍率指令

格式：Velset Override，Max;

应用：对机器人运行速度进行限制，机器人运动指令中均带有运行速度，在执行运动速度控制指令 Velset 后，实际运行速度为运动指令规定的运行速度乘以机器人运行速率，并且不超过机器人最大运行速度，系统默认值为：Velset 100，5000；。

机器人加速度限制到正常值的 50%，加速度坡度值限制为正常值的 100%

实例：

```
Velset 50,800;
MoveL p1,v1000,z10,tool1;                500mm/s
MoveL p2,v1000\V:=2000,z10,tool1;        800mm/s
MoveL p2,v1000\T:=5,z10,tool1;           10s
Velset 80,1000
MoveL p1,v1000,z10,tool1;                800mm/s
MoveL p2,v5000,z10,tool1;                1000mm/s
MoveL p3,v1000\V:=2000,z10,tool1;        1000mm/s
MoveL p3,v1000\T:=5,z10,tool1;           6.25s
```

限制：

机器人冷启动，新程序载入与程序重置后，系统自动设置为默认值。

机器人运动使用参变量[\T]时，最大运行速度将不起作用。

Override 对速度数据（speeddata）内所有项都起作用，例如，TCP 方位及外轴。但对焊接参数 welddata 与 Seamdata 内机器人运行速度不起作用。

Max 只对速度数据（speeddata）内 TCP 这项起作用。

机器人的运行速度设定为运动指令规定的运行速度的50%，最高速度为2000mm/s

(4) FOR 重复执行判断指令

FOR 重复执行判断指令，是用于一个或多个指令需要重复执行数次的情况。

格式：

FOR 表达式1（循环变量）FROM 表达式2（循环起点）TO 表达式3（循环终点）STEP 表达式4（步长）DO

循环体语句

ENDFOR

其中：步长是指循环变量每次的增量，此值可为正值，也可为负值；FOR 循环中步长的作用是使循环趋于结束，默认为 1，也可在可选变量中设置步长值。

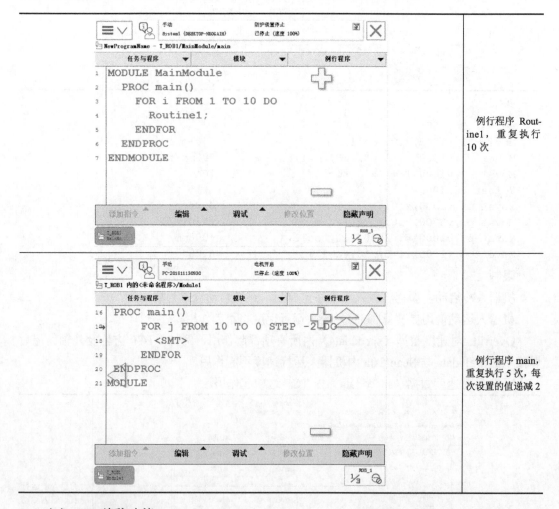

(5) Offs 偏移功能

以选定的目标点为基准，沿着选定工件坐标系的 X、Y、Z 轴方向偏移一定的距离。

实例：MoveL Offs（p20，20，20，50），V1000，Z100，tool0\WObj：=wobj1；

将机器人 TCP 移动至以 p20 为基准点，沿着 wobj1 的 X 轴正方向偏移 20mm、Y 轴正方向偏移 20mm、Z 轴正方向偏移 50mm。

Offs 偏移功能

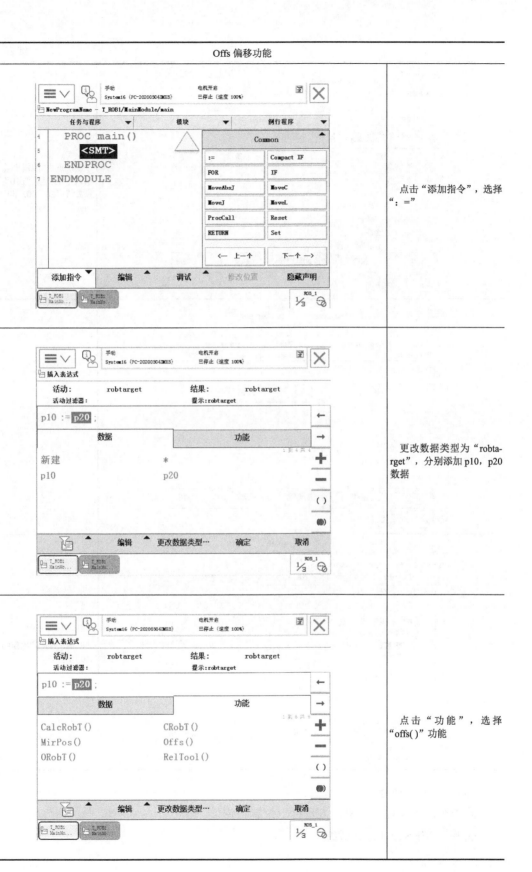

点击"添加指令",选择
": ="

更改数据类型为"robtarget",分别添加 p10,p20 数据

点击"功能",选择
"offs( )"功能

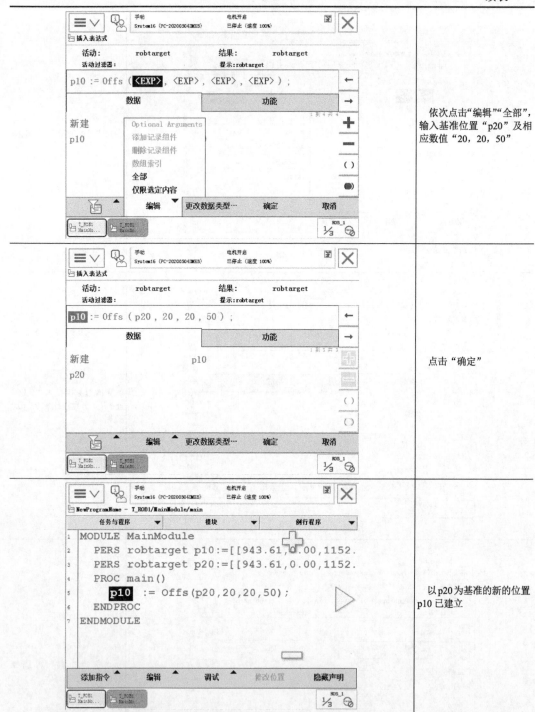

（6）CRobT 功能

此指令用于读取当前机器人目标点位置数据值。

实例：PERS robtarget p20;

P20:= CRobT(\Tool:=tool1\WObj:=wobj1);

读取当前机器人目标点位置数据,指定工具数据为tool1,工件坐标数据为wobj1(若不指定,则默认工具数据为tool0,默认工件坐标数据为wobj0),之后将读取的目标点数据赋值给p20。

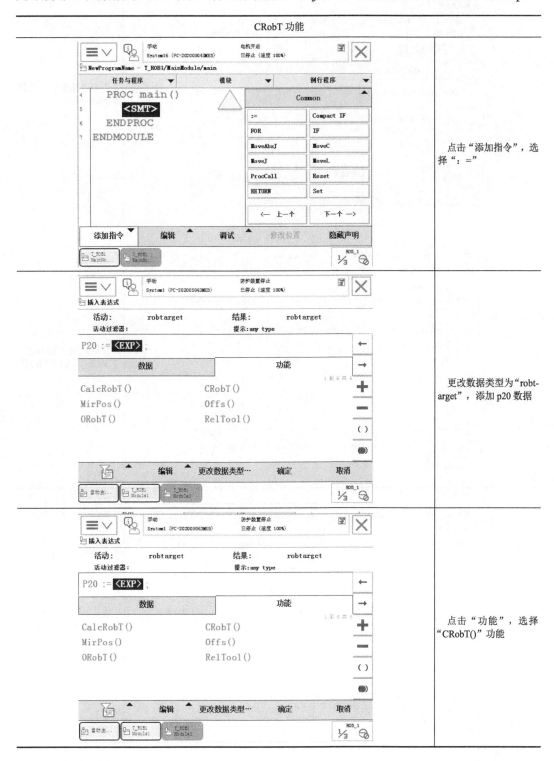

CRobT 功能

续表

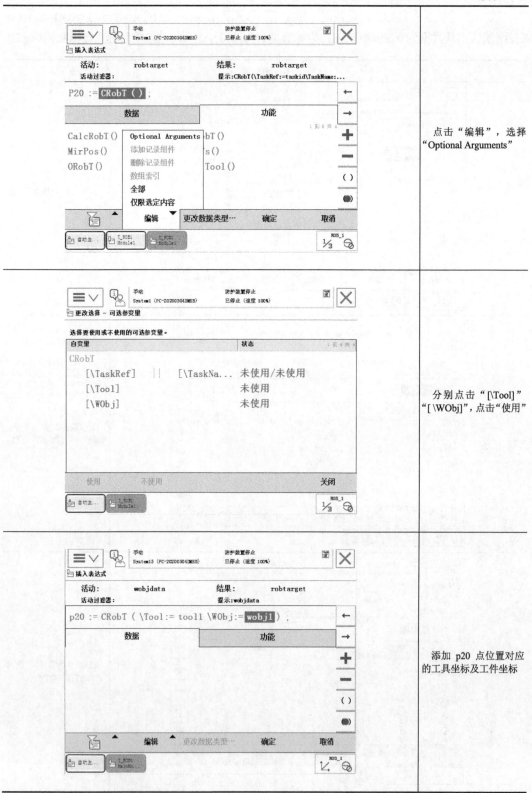

	点击"编辑",选择"Optional Arguments"
	分别点击"[\Tool]""[\WObj]",点击"使用"
	添加 p20 点位置对应的工具坐标及工件坐标

续表

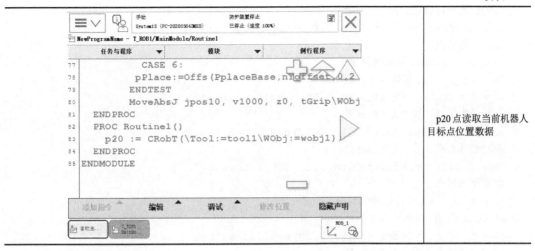

p20 点读取当前机器人目标点位置数据

4.3 程序编制

```
MOUDLE
num int a;
num int b;
VAR robotarget p10;
PROC Main;
rInitialize;
ENDPROC
PROC rInitialize;
Accset 100,80;
```
机器人加速度限制到正常值的 100%,加速度坡度值限制到正常值的 80%
```
Velset 80,80;
```
机器人运行速度设定为运动指令规定的运行速度的 80%,最高速度为 80mm/s
```
Reset Do8_xizuiopen;复位 DO8 信号
a:=0;给变量 a 赋值 0
b:=0;给变量 b 赋值 0
P10:=CRobT(\tool:=tool1\wobj:=wobj0);
```
　　读取当前机器人目标点位置数据,指定工具数据为 tool1,工件坐标数据为 wobj0,之后将读取的目标点数据赋值给 P10
```
P10.trans.z:=phome.trans.z;
MoveL p10,v100,fine,tool1;
MoveL phome,v100,fine,tool1;
ENDPROC
ENDMOUDLE
PROC
num int a:=0;给变量 a 赋值 0
num int b:=0;给变量 b 赋值 0
FOR i FROM 1 TO 25 DO;重复执行变量 i 从 1 到 25
```

```
MoveL Offs(Ppick,a*12,b*12,50)v100,fine,tool1;
移动至搬运点位置上方 50mm 处
MoveL Offs(Ppick,a*12,b*12,0)v100,fine,tool1;
移动至搬运点
set Do8_xizui;抓取物料块
Waittime 0.5;等待 0.5s
MoveL Offs(Ppick,a*12,b*12,50)v100,fine,tool1;
移动至搬运点位置上方 50mm 处
MoveL Offs(Pplace,a*12,b*12,50)v100,fine,tool1;
移动至放置点位置上方 50mm 处
MoveL Offs(Pplace,a*12,b*12,0)v100,fine,tool1;
移动至放置点
Reset Do8_xizui;松开物料块
Waittime 0.5;等待 0.5s
MoveL Offs(Pplace,a*12,b*12,50)v100,fine,tool1;
移动至放置点位置上方 50mm 处
a=a+1;给变量 a 赋值新的数值
IF a=5 THEN;变量 a 获取的数值与 5 做比较
a:=0;给变量 a 赋值 0
b=b+1;给变量 b 赋值新的数值
ENDIF;
MoveL phome,v100,fine,tool1;
ENDROR;
```

4.4 现场实施

由于搬运操作与码垛操作基本相似,具体操作步骤请参照 3.4 进行实施。

第5章

焊 接

5.1 工作任务

弧焊机器人是工业机器人的一个重要应用,在本章中,将以 YL-1355A 型工业机器人焊接系统控制与应用设备为例(见图 5-1),借助 RobotStudio 软件,完成示教板上椭圆形状的焊接,见图 5-2。

图 5-1 焊接工作站

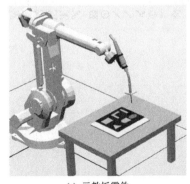 

(a) 示教板零件　　　　　　　　(b) 椭圆焊接完成图形

图 5-2 示教板椭圆零件

5.2 相关知识

YL-1355A 型工业机器人焊接系统控制与应用设备主要由工业机器人、焊枪、焊机、送丝机、焊丝、焊丝盘、气瓶、冷却水系统（限于须水冷的焊枪）、剪丝清洗设备、烟雾净化系统或者烟雾净化过滤机等组成，主要硬件见表 5-1。

▫ 表 5-1　YL-1355A 型工业机器人焊接系统控制与应用设备主要硬件

图片	名称
	ABB 机器人 IRB-1410
	送丝机
	气瓶
	焊机
	焊枪

	续表
	烟雾净化系统

在机器人焊接过程中,任何焊接过程都要以 ArcLStart 或 ArcCStart 开始,通常运用 ArcLStart 作为起始语句;任何焊接过程必须以 ArcLEnd 或 ArcCEnd 结束;焊接中间点用 ArcL 或 ArcC 语句;焊接过程中不同语句可以使用不同的焊接参数(SeamData 和 WeldData)。

(1) **ArcLStart:线性焊接开始指令**

ArcLStart 用于直线焊缝的焊接开始。工具中心点线性移动到指定目标位置,整个焊接过程通过参数监控和控制。例如:

ArcLStart P1,v5,seam1,weld1,fine,gun1;

机器人线性运行到 P1 点起弧,焊接开始,如图 5-3 所示。

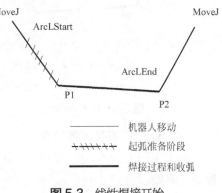

图 5-3 线性焊接开始

(2) **ArcL:线性焊接指令**

ArcL 用于直线焊缝的焊接,工具中心点线性移动到指定目标位置,焊接过程通过参数控制,例如:

ArcL P2,v5,seam1,weld1,fine,gun1;

机器人线性焊接的部分应使用 ArcL,如图 5-4 所示。

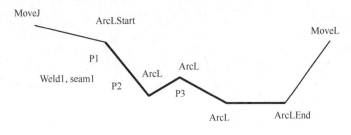

图 5-4 线性焊接

(3) **ArcLEnd:线性焊接结束指令**

ArcLEnd 用于直线焊缝的焊接结束,工具中心点线性移动到指定目标点位置,整个焊接过程通过参数监控和控制,例如:

ArcLEnd P2,v5,seam1,weld1,fine,gun1;

机器人在 P2 点使用 ArcLEnd 指令结束焊接,如图 5-5 所示。

（4）ArcCStart：圆弧焊接开始指令

ArcCStart 用于圆弧焊缝开始焊接指令，工具中心点圆周运动到指定目标位置，整个焊接过程通过参数监控和控制。例如：

ArcCStart　P1，P2 ，v5，seam1，weld1，fine，gun1；

机器人圆弧运行到 P2 点起弧，焊接开始，如图 5-6 所示。

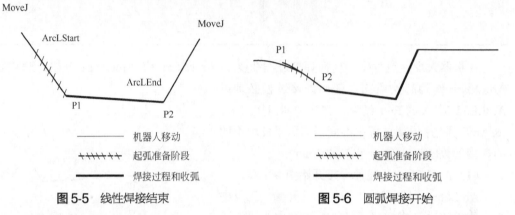

图 5-5　线性焊接结束　　　　　图 5-6　圆弧焊接开始

（5）ArcC：圆弧焊接指令

ArcC 用于圆弧焊缝的焊接，工具中心点圆弧运动到指定目标位置，焊接过程通过参数控制，例如：

ArcC　P1，P2 ，v5，seam1，weld1，fine，gun1；

机器人圆弧运行到 P1、P2 点，完成圆弧焊接后，然后进行直线焊接，如图 5-7 所示。

（6）ArcCEnd：圆弧焊接结束指令

ArcCEnd 用于圆弧焊缝的焊接结束，工具中心点圆周运动到指定目标位置，整个焊接过程通过参数监控和控制，例如：

ArcCCEnd　P1，P2 ，v5，seam1，weld1，fine，gun1；

机器人在 P2 点使用 ArcCEnd 指令，结束焊接，如图 5-8 所示。

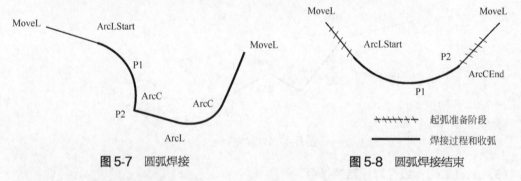

图 5-7　圆弧焊接　　　　　图 5-8　圆弧焊接结束

5.3　仿真模拟

首先要在软件中对机器人布局系统、安装工具及摆放焊接板位置，确保焊接板在机器人的工作范围之内，然后进行轨迹仿真模拟。仿真模拟完成后，将程序导出，在实机上进行检测。

（1）机器人选择及系统配置

机器人选择及系统配置具体步骤如下：

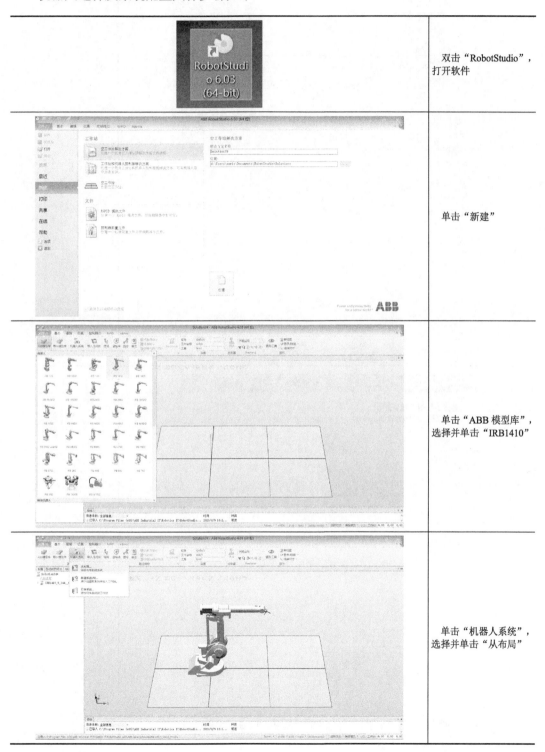

图示	说明
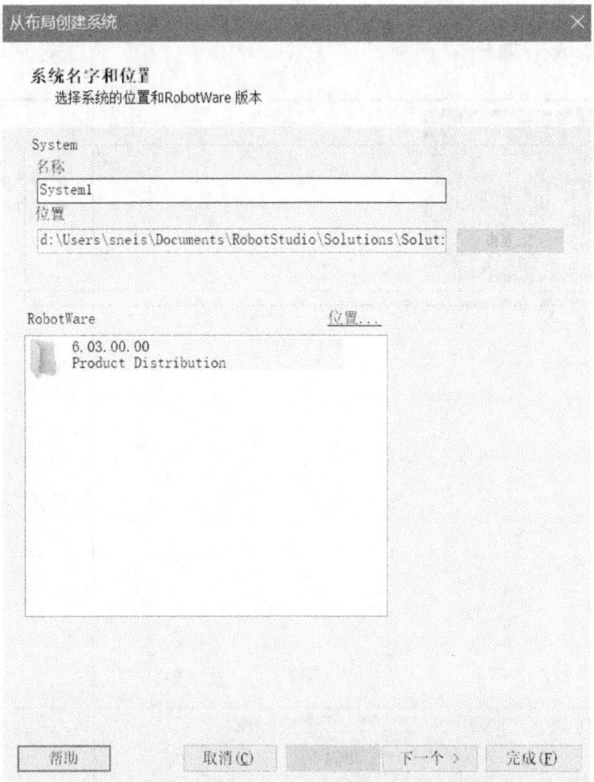 从布局创建系统 **系统名字和位置** 选择系统的位置和RobotWare 版本 System 名称 System1 位置 d:\Users\sneis\Documents\RobotStudio\Solutions\Solut: RobotWare　　　　　　　位置... 6.03.00.00 Product Distribution 帮助　　取消(C)　　　　下一个 >　完成(F)	点击"下一个"
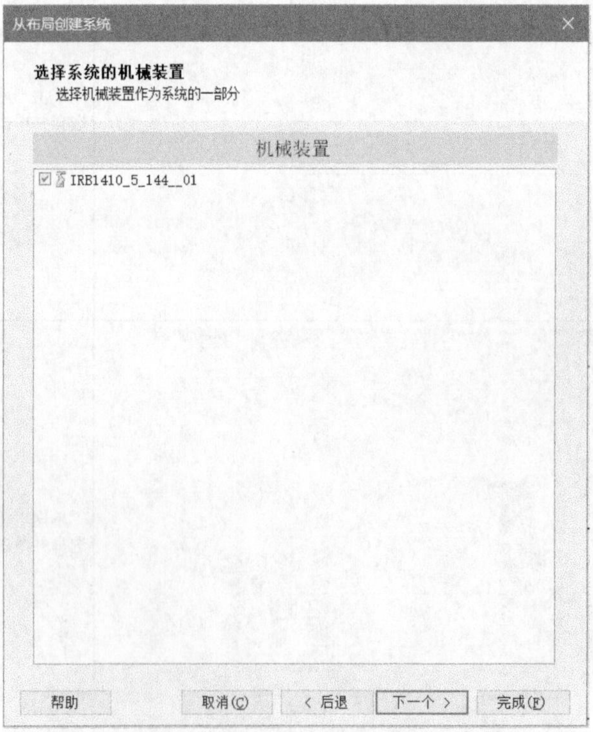 从布局创建系统 **选择系统的机械装置** 选择机械装置作为系统的一部分 机械装置 ☑ IRB1410_5_144__01 帮助　取消(C)　< 后退　下一个 >　完成(F)	单击"下一个"

续表

	单击"选项"
	在"类别"中选择"Default Language",然后在"选项"中选择"Chinese"
	在"类别"中选择"Industrial Networks",然后在"选项"中选择"709-1 Device Net Master/Slave"

第5章 焊接 — 119

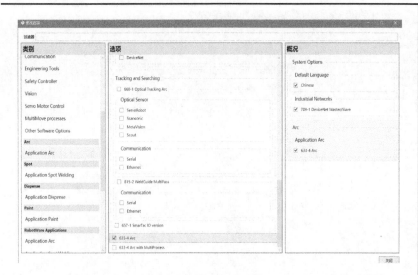	在"类别"中选择"Application Arc",然后在"选项"中选择"633-4 Arc",最后单击"关闭"
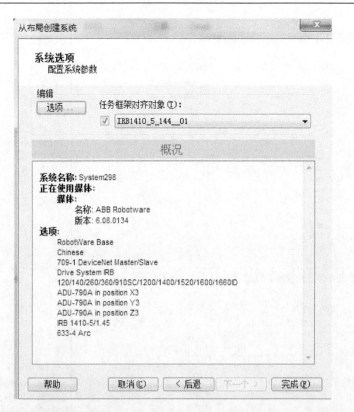	单击"完成"(用户可以根据自身情况选择要布局的系统,在这里我们选择与实际设备一致的系统)

(2)工具的安装

我们利用三维造型功能,设计出焊枪的形状,可以将焊枪保存为库文件,模型库里的焊枪可以进行模拟焊接运行轨迹的操作。这里一定要注意仿真软件中的焊枪模型和实际焊枪模型保持一致,为后续的轨迹生成做好准备,具体操作如下:

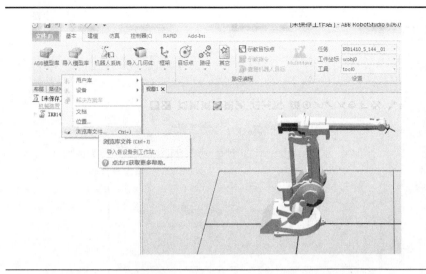

单击"导入模型库",然后依次选择"浏览库文件"

找到"AW_Gun"焊枪所在文件的位置,点击"打开"

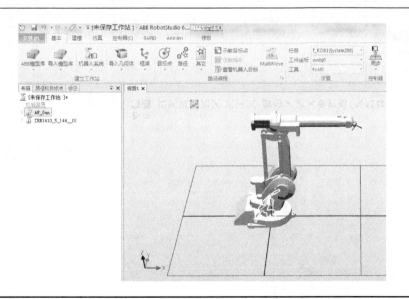

用左键点住工具"AW_Gun"不要松开,拖放到机器人"IRB-1410"处松开左键

续表

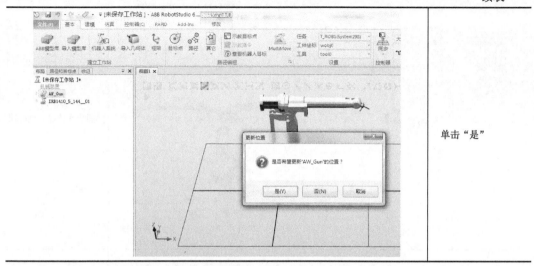	单击"是"

(3) 工作站的布局及坐标系的建立

导入焊接模拟板模型,将其放在机器人工作范围内并创建工件坐标系。具体操作步骤如下:

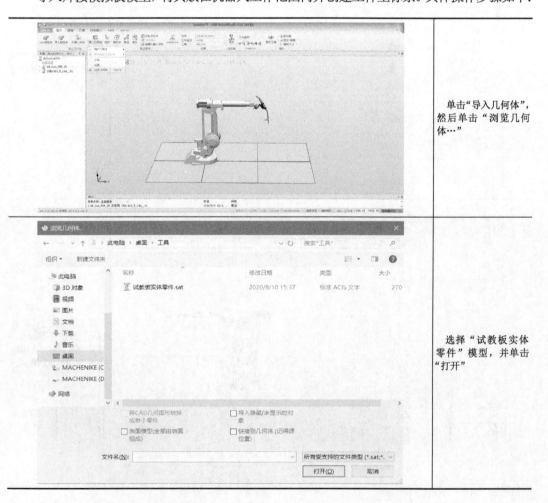	单击"导入几何体",然后单击"浏览几何体…"
	选择"试教板实体零件"模型,并单击"打开"

续表

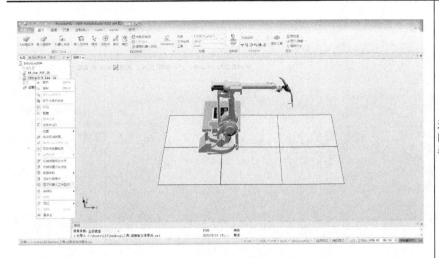	右击"IRB 1410",选择"显示机器人工作区域",打开"显示机器人工作区域"
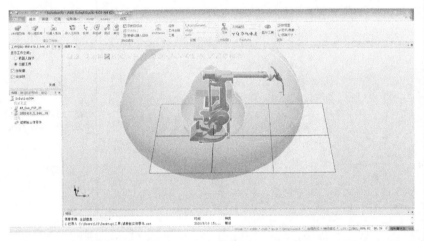	在显示空间中选择"当前工具"及"3D体积",这时我们就能观察机器人的工作范围了
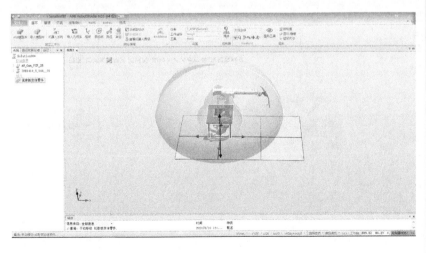	选择"试教板实体零件",随后单击" ",将涂胶板移动至机器人工作范围内

第5章 焊接 — 123

续表

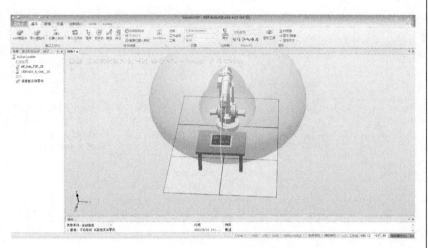	右击"IRB 1410",单击"显示机器人工作区域",关闭"显示机器人工作区域"
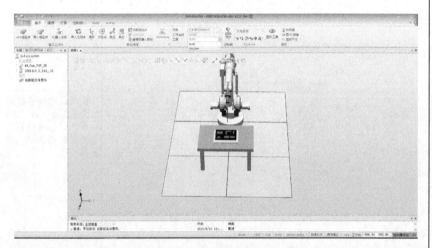	在"工具"项目选单中,选择"AW_Gun"
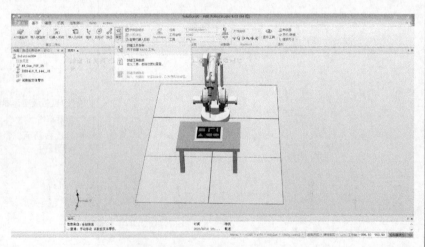	单击"其它",然后选择并单击"创建工件坐标"

续表

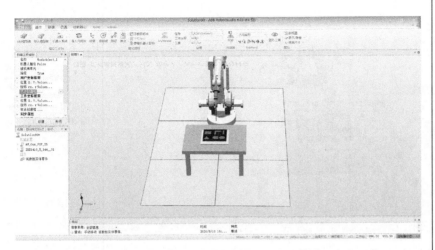

单击"用户坐标框架"的"取点创建框架"的下拉箭头

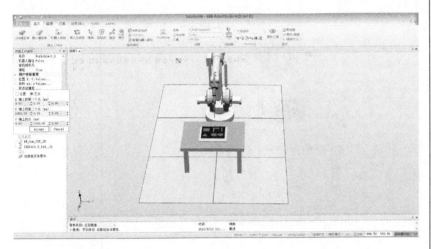

选择"三点",并在按钮中单击"🔧"

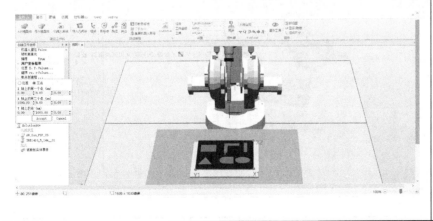

单击"X轴上的第一个点"的框架,随后分别单击"X1""X2""Y1"(工件坐标系符合右手定则)

第5章 焊接 — 125

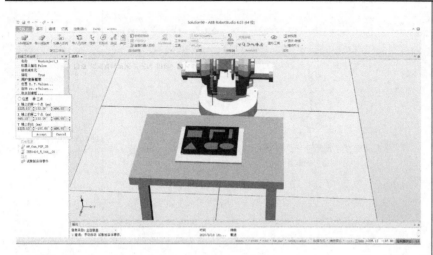	确认单击的三个角点的数据已生成后,单击"Accept"
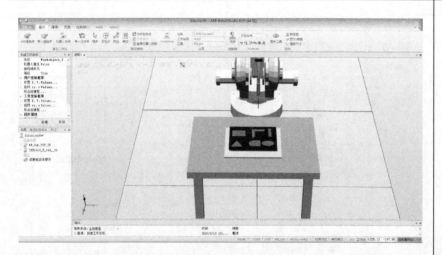	单击"创建"
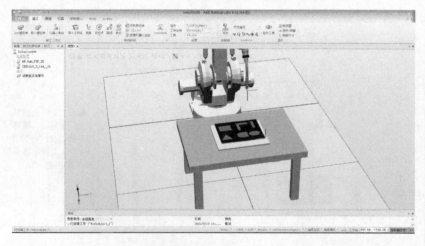	工件坐标系就创建完成了

(4)自动生成轨迹路径并导出

完成工作站的布局及工件坐标系的建立,就可以修改编程所用的参数,进行自动轨迹的生成,具体操作步骤如下:

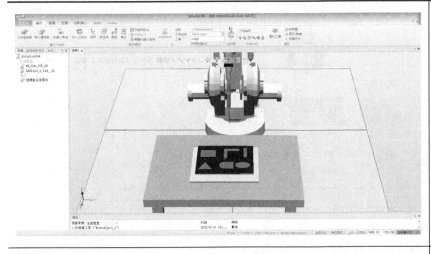

将设置中的工件坐标改为"Workobject_1"

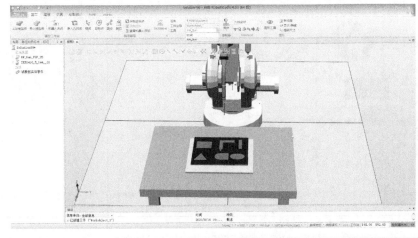

将设置中的工具改为"AW_Gun"

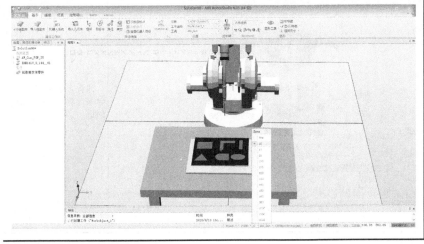

将下端程序的转角半径(z值)改为"z0"

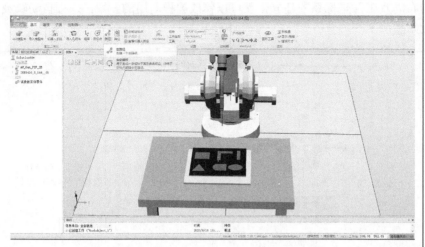	单击"路径",随后单击"自动路径"
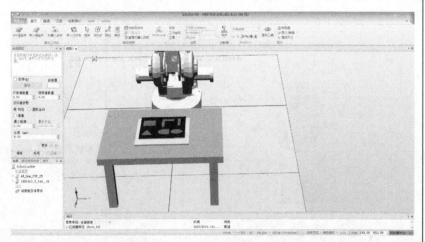	在按钮中单击"▣"和"╲"
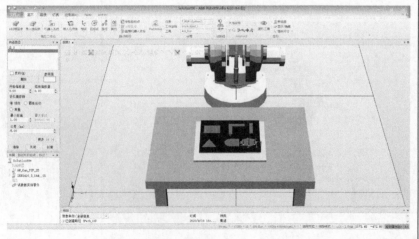	捕捉复杂轨迹,随后单击,将自动生成运动轨迹

续表

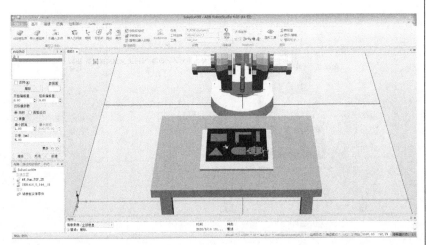	单击"参照面",随后单击"试教板实体零件"表面
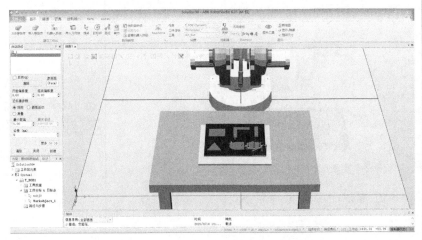	选择"线性",并将"最小距离"和"公差"改为"1"(用户可根据实际情况自行更改)
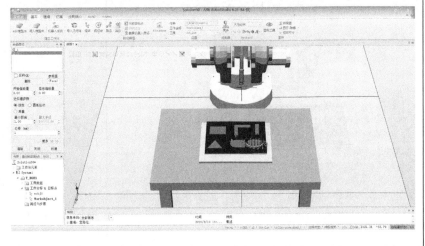	单击"创建",随后单击"关闭"

第5章 焊接 — 129

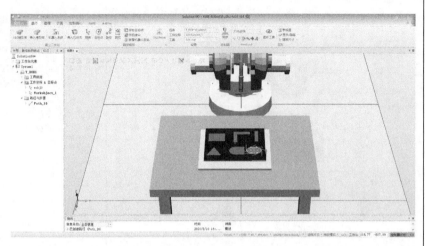	自动生成的机器人路径"Path_10"
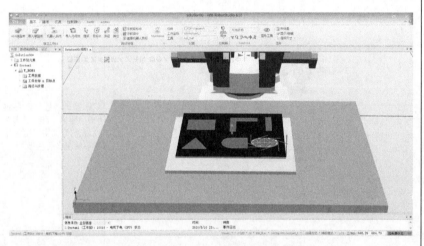	在"基本"功能选项卡中单击"路径和目标点"选项卡
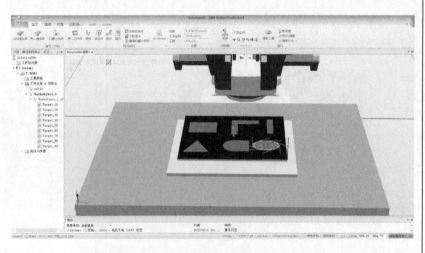	依次展开"T_ROB1""工件坐标&目标点""Workobject_1""Workobject_1_of",即可看到自动生成的各个目标点

续表

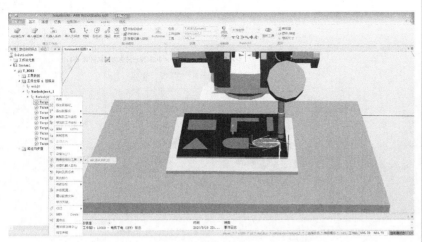

右击目标点"Target_10",选择"查看目标处工具",勾选本工作站中的工具名称"AW_Gun_PSF_25"

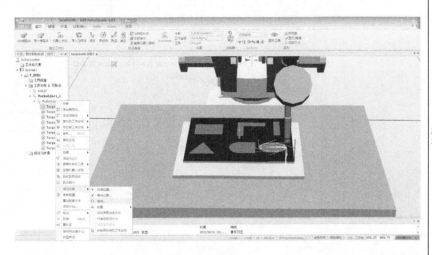

右击目标点"Target_10",单击"修改目标",选择"旋转"

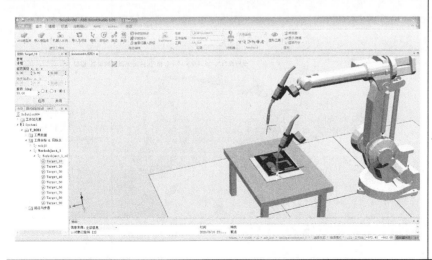

勾选"Z",输入"90",点击"应用"

第5章 焊接 — 131

续表

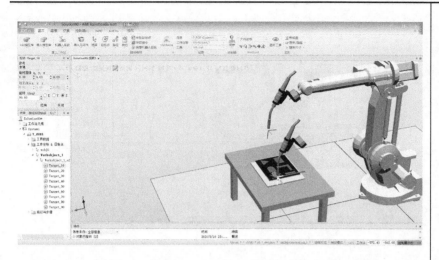	单击"关闭"
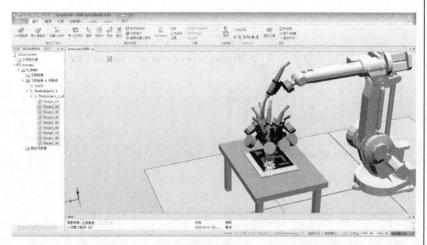	利用键盘Shift键以及鼠标左键,选中剩余的所有目标点
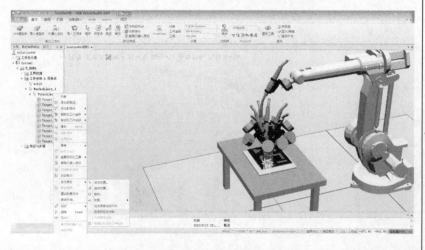	右击选中的目标点,单击"修改目标"中的"对准目标方向"

续表

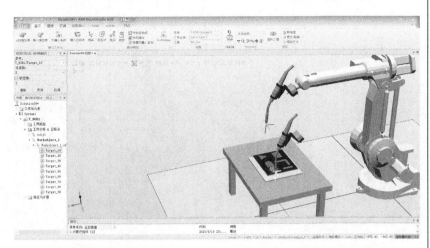	单击"参考"框,随后单击目标点"Target_10",最后单击"应用"
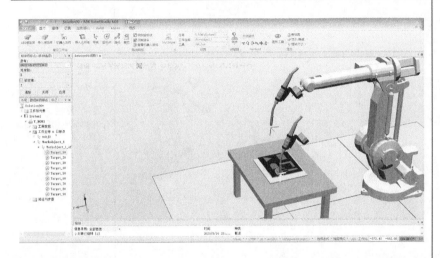	单击"关闭"
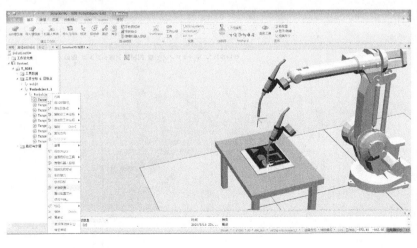	右击目标点"Target_10",单击"参数配置…"

第5章 焊接 — 133

续表

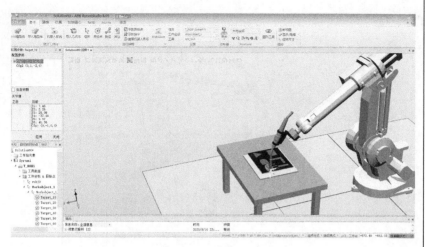

选择合适的轴配置参数,单击"应用",随后单击"关闭"(一般选择浮动较小的参数)

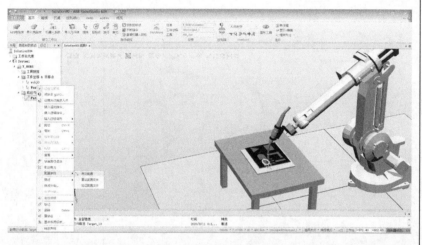

展开"路径与步骤",右击"Path_10",选择"配置参数"中的"自动配置"

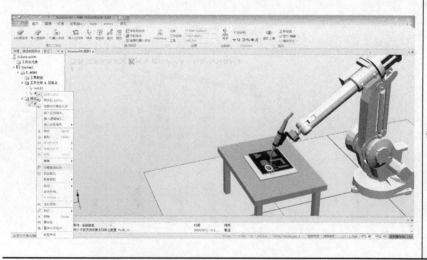

右击"Path_10",单击"沿着路径运动"

续表

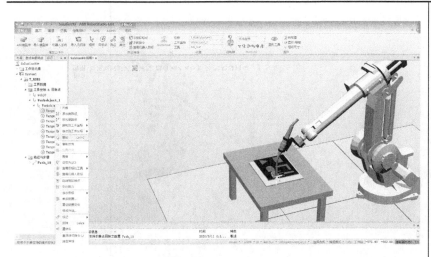	右击"Target_10",选择"复制"
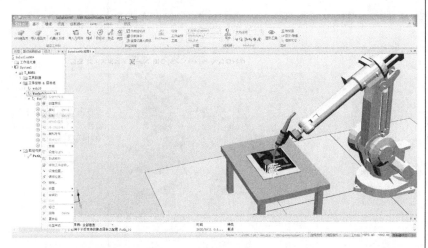	右击工件坐标系"Workobject_1",选择"粘贴"
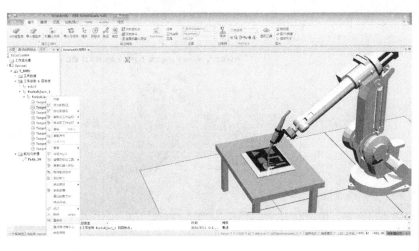	右击"Target_10_2",选择"重命名"

第5章 焊接 — 135

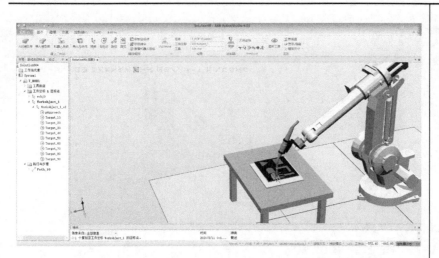	修改为"pApproach"
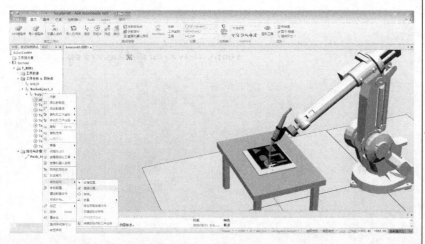	右击"pApproach",选择"修改目标"中的"偏移位置…"
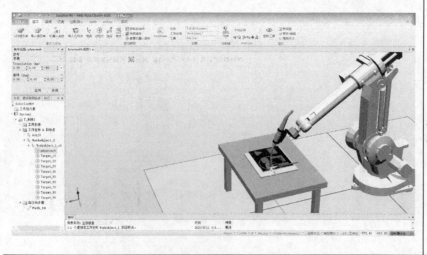	将"Translation"的Z值输入"-50",单击"应用",随后单击"关闭"

续表

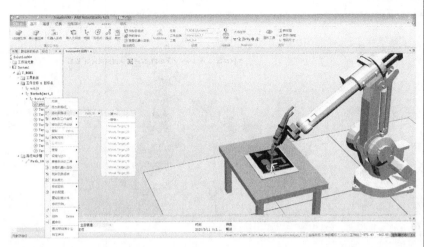	右击"pApproach",依次选择"添加到路径""Path_10""第一"。然后重复步骤,添加至"最后"
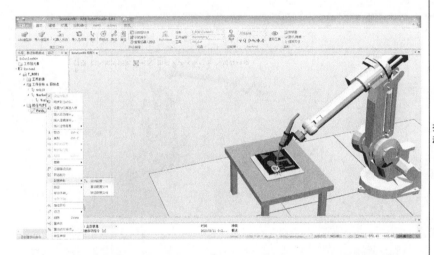	右击"Path_10",选择"配置参数"中的"自动配置"
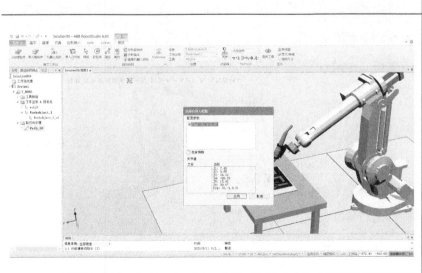	选择合适的轴配置参数,单击"应用"(一般选择浮动较小的参数)

第 5 章 焊接 — 137

续表

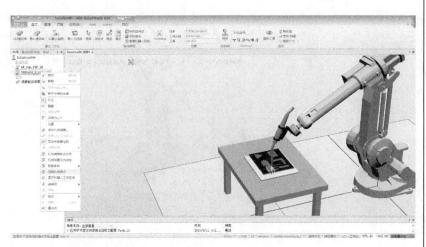	在"布局"选项卡中,右击"IRB_1410",单击"回到机械原点"
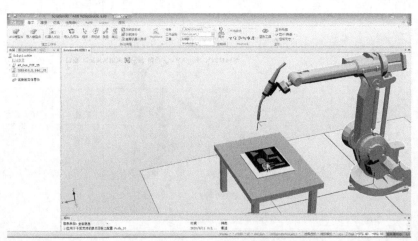	将工件坐标改为"wobj0"
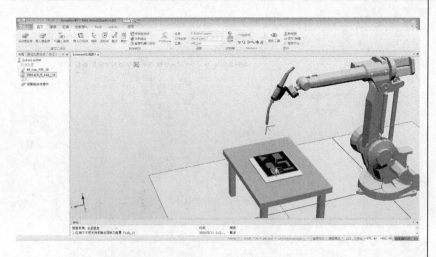	单击"示教目标点"

续表

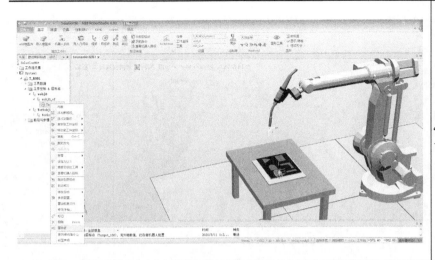	在"wobj0"中右击"Target_100",单击"重命名"
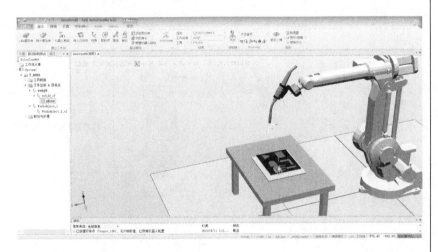	修改为"pHome"
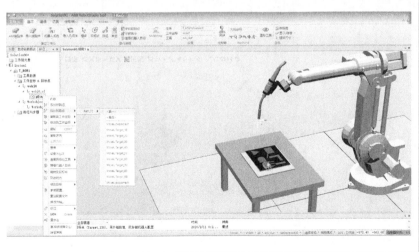	右击"pHome",选择"添加到路径""Path_10""第一";然后重复此步骤,添加至"最后"

续表

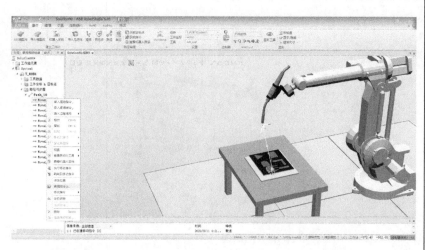	在"Path_10"中,右击"MoveL pHome",选择"编辑指令"
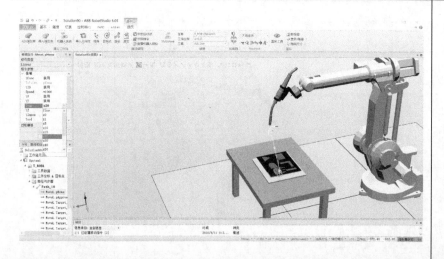	将"z0"改为"z20"
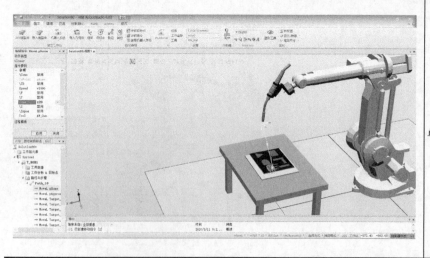	单击"应用",最后单击"关闭"

续表

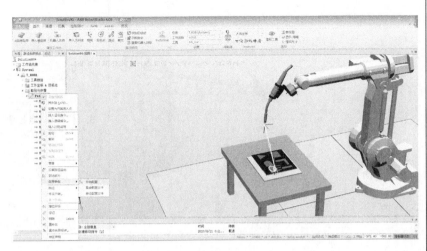

修改完成后，右击"Path_10"，单击"配置参数"中的"自动配置"

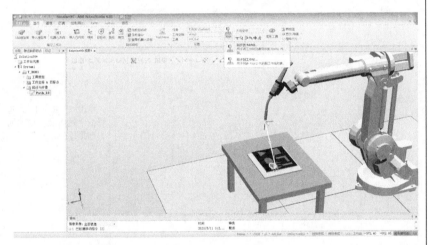

在"基本"功能选项卡下的"同步"菜单中单击"同步到RAPID"

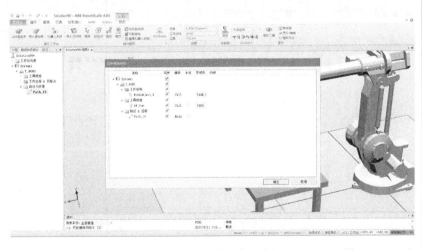

勾选所有同步内容，单击"确定"

续表

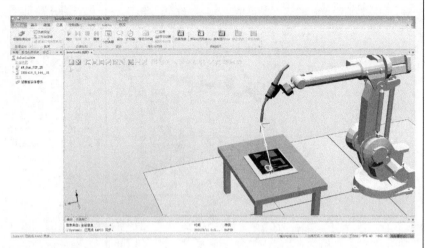	在"仿真"功能选项卡中单击"仿真设定"
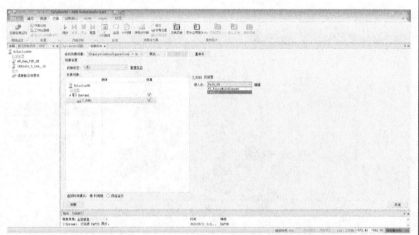	单击"T_ROB1",随后在"进入点"选项框中选择"Path_10"
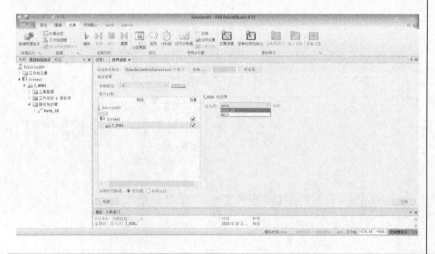	单击"关闭"

续表

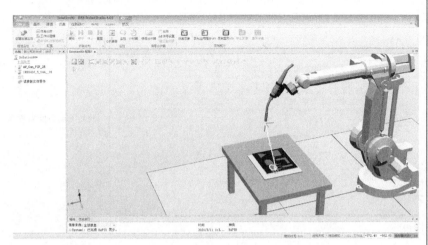

单击"仿真"功能选项卡中的"播放",这时就能看到自动生成轨迹的总体运行情况了

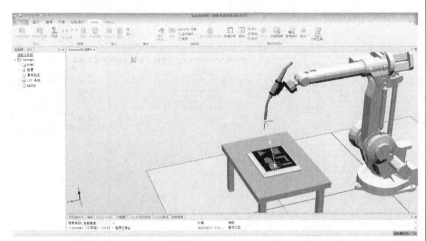

在"RAPID"界面中,单击"控制器"选项卡。随后依次展开"RAPID""T_ROB1""Module1"菜单

双击"Path_10"

续表

(screenshot)	利用编辑页面将程序改为焊接程序
(screenshot)	单击"应用"下拉菜单,选择"全部应用"
(screenshot)	右击"T_ROB1",随后单击"保存程序为…"

	续表
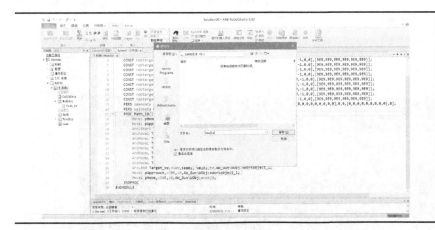	保存在 U 盘中，文件夹命名为"hanjie"，单击"保存"

程序修改为：

```
PROC Path_10()
    MoveL pHome,v500,z20,AW_Gun\WObj:=wobj0;
\\机器人起始位置
    MoveL pApproach,v200,z0,AW_Gun\WObj:=Workobject_1;
\\运动到达安全位置
    ArcLStart Target_10,v100,seam1,weld1,z0,AW_Gun\WObj:=Workobject_1;
\\线性焊接开始
    ArcMoveL Target_20,v100,z0,AW_Gun\WObj:=Workobject_1;
    ArcMoveL Target_30,v100,z0,AW_Gun\WObj:=Workobject_1;
    ArcMoveL Target_40,v100,z0,AW_Gun\WObj:=Workobject_1;
    ArcMoveL Target_50,v100,z0,AW_Gun\WObj:=Workobject_1;
    ArcMoveL Target_60,v100,z0,AW_Gun\WObj:=Workobject_1;
    ArcMoveL Target_70,v100,z0,AW_Gun\WObj:=Workobject_1;
    ArcMoveL Target_80,v100,z0,AW_Gun\WObj:=Workobject_1;
\\走椭圆轨迹
    ArcLEnd Target_90,v100,seam1,weld1,z0,AW_Gun\WObj:=Workobject_1;
\\线性焊接结束
    MoveL pApproach,v200,z0,AW_Gun\WObj:=Workobject_1;
\\运动到达安全位置
    MoveL pHome,v500,z0,AW_Gun\WObj:=wobj0;
\\机器人起始位置
ENDPROC
```

5.4 现场实施

5.4.1 修改焊机参数

（1）控制面板按键与指示灯

在设置焊机操作前，首先要了解一下焊机的控制面板按键与指示灯。焊机的控制面板用于焊机的功能选择和部分参数设定。控制面板包括数字显示窗口、调节旋钮、按键、发光二极管指示灯，见图 5-9。

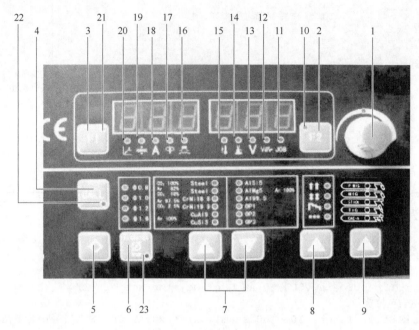

图 5-9 焊机操作面板

1—调节旋钮，调节各参数值，该调节旋钮上方指示灯亮时，可以用此旋钮调节对应项目的参数；2—参数选择键 F2，可选择进行操作的参数；3—参数选择键 F1，可选择进行操作的参数；4—调用键，调用已存储的参数；5—存储键，进入设置菜单或存储参数；6—焊丝直径选择键，选择所用焊丝直径；7—焊丝材料选择键，选择焊接要采用的焊丝材料及根据相应焊材使用不同的保护气体；8—焊枪操作模式键，选择焊枪操作模式；9—焊接方式选择键，可选焊接方式；10—F2 键选中指示灯；11—作业号 n0 指示灯，按作业号调取预先存储的作业参数；12—焊接速度指示灯，指示灯亮时，右显示屏显示参考焊接速度（cm/min），焊接速度与焊脚成一定的反比例关系；13—焊接电压指示灯，指示灯亮时，右显示屏显示预置或实际焊接电压；14—弧长修正指示灯，指示灯亮时，右显示屏显示修正弧长值；15—机内温度指示灯，焊机过热时，该指示灯亮；16—电弧力/电弧挺度，MIG/MAG 脉冲焊接时，调节电弧力；17—送丝速度指示灯，指示灯亮时，左显示屏显示送丝速度，单位 m/min；18—焊接电流指示灯，指示灯亮时，左显示屏显示预置或实际焊接电流；19—母材厚度指示灯，指示灯亮时，左显示屏显示参考母材厚度；20—焊脚指示灯，指示灯亮时，左显示屏显示焊脚尺寸"a"；21—F1 键选中指示灯；22—调用作业模式工作指示灯；23—隐含参数菜单指示灯，进入隐含参数菜单调节时指示灯亮

（2）操作流程

在操作过程中，依次选择焊接方法、工作模式、焊丝材料、焊丝直径。

① 焊接方法选择　按按键 9 进行选择，与之相对应的指示灯亮。

- P-MIG 为脉冲焊接。
- MIG 为一元化直流焊接。
- STICK 为手工焊。

- TIG 为钨极氩弧焊。
- CAC-A 为碳弧气刨。

本工作站选择 MIG 一元化直流焊接。

② 工作模式选择　按按键 8 进行选择，与之相对应的指示灯亮。
- 两步工作模式↑↑。
- 四步工作模式⇅⇅。
- 特殊四步工作模式⌐⌐。
- 点焊工作模式●●●。

本实例中，选择两步工作模式。两步工作模式时序图如图 5-10 所示。特殊步、点焊工作模式的具体含义请参考《奥太焊机焊工操作手册》。

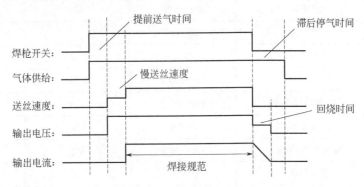

图 5-10　两步工作模式时序图

③ 焊丝材料选择　按按键 7 进行选择，与之相对应的指示灯亮。这里选择第一种：CO_2，100%，Steel。

④ 焊丝直径选择　按按键 6 进行选择，与之相对应的指示灯亮。
- ϕ0.8。
- ϕ1.0。
- ϕ1.2。
- ϕ1.6。

这里选择ϕ1.2 焊接。

⑤ 其他参数的调整　例如板厚、焊接速度、焊接电流、焊接电压、电弧力/电弧挺度等。如果焊机电压和电流由机器人给定，则无须设置焊接电流和焊接电压［隐含参数 P09（近控有无）必须设置为 OFF］。

注意：根据上述操作流程完成以上操作选项的选择；最后根据实际焊接弧长微调电压旋钮，使电弧处在脉冲声音中稍微夹杂短路声音的状态下，可达到良好的焊接效果。

(3) 焊机隐含参数菜单及参数项调节方法

焊机参数见表 5-2。一般情况下，参数 P01 和 P09 需要修改。这里只说明参数 P01 和 P09。

表 5-2 焊机参数

项目	用途	设定范围	最小单位	出厂设置
P01	回烧时间	0.01~2.00s	0.01s	0.08s
P02	慢送丝速度	1.0~21.0m/min	0.1m/min	3.6m/min
P03	提前送气时间	0.1~10.0s	0.1s	0.20s
P04	滞后停气时间	0.1~10.0s	0.1s	1.0s
P05	初期规范	1%~200%	1%	135%
P06	收弧规范	1%~200%	1%	50%
P07	过渡时间	0.1~10.0s	0.1s	2.0s
P08	点焊时间	0.5~5.0s	0.1s	3.0s
P09	近控有无	OFF/ON	—	OFF
P10	水冷选择	OFF/ON	—	ON
P11	双脉冲频率	0.5~5.0Hz	0.1Hz	OFF
P12	强脉冲群弧长修正	-50%~+50%	1%	20
P13	双脉冲速度偏移量	0~2m	0.1	2m
P14	强脉冲群占空比	10%~90%	1%	50%
P15	脉冲模式	OFF/UI	—	OFF
P16	风机控制时间	5~15min	1min	15min
P17	特殊两步起弧时间	0~10s	0.1s	OFF
P18	特殊两步收弧时间	0~10s	0.1s	OFF
STICK 焊接方式的隐含参数如下				
H01	热引弧电流	1%~100%	1%	50%
H02	热引弧时间	0.0~2.0s	0.1s	0.5s
H03	防粘条功能有无	OFF/ON	—	ON

① P01（回烧时间）：回烧时间过长，会造成焊接完成时焊丝回烧过多，焊丝端头熔球过大；回烧时间过短，会造成焊接完成时焊丝与工件粘连。

② P09（近控有无）：选择 OFF 时，正常焊接规范由送丝机调节旋钮确定（即焊接电流和焊接电压由机器人给定）；选择 ON 时，正常焊接规范由显示板调节旋钮确定。

为了修改参数 P01 和 P09，必须把隐含参数调出来，按如下步骤调用和修改隐含参数：

a．同时按下存储键 5 和焊丝直径选择键 6 并松开，隐含参数菜单指示灯 23 亮，表示已进入隐含参数菜单调节模式。

b．用焊丝直径选择键 6 选择要修改的项目。

c．用调节旋钮 1 调节要修改的参数值。

d．修改完成，再次按下存储键 5 退出隐含参数菜单调节模式，隐含参数菜单指示灯 23 灭。操作流程见图 5-11。

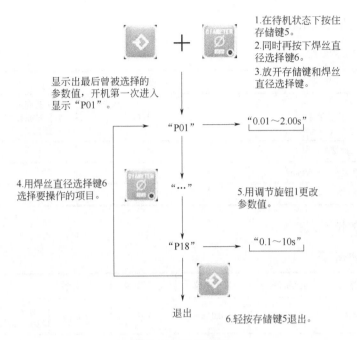

图 5-11 操作流程

注意：按下调节旋钮 1 约 3s，焊机参数将恢复出厂设置。

（4）本设备的焊机参数设置参考

焊机参数设置方法请参考《逆变式脉冲 MIG/MAG 弧焊机——Pulse MIG 系列焊工操作手册》。参数设置顺序为：焊丝直径选择、焊丝材料和保护气体选择、操作方式选择、参数键 F1、参数键 F2、隐含参数调节。参数设置完成请存储。对于 2.0mm 板厚的低碳钢焊接、角接焊接工艺请参考低碳钢实心焊丝 CO_2 角焊接工艺，结合设备情况，实际参数设置见表 5-3。

▫ 表 5-3 低碳钢实心焊丝 CO_2 角焊接工艺参数

内容	设置值	说明
焊丝直径/mm	1.2	
焊丝材料和保护气体	二氧化碳 100%	
	碳钢	
操作方式	两步工作模式	
	恒压（一元化直流焊接）	

参数键 F1 的设置见表 5-4。

▫ 表 5-4 参数键 F1 的设置

内容	设置值	说明
板厚/mm	2	
焊接电流/A	110	
送丝速度/(m/min)	2.5	
电弧力/电弧挺度	5	-=电弧硬而稳定 0=中等电弧 +=电弧柔和，飞溅小

参数键 F2 的设置见表 5-5。

▣ 表 5-5　参数键 F2 的设置

内容	设置值	说明
弧长修正	0.5	−=弧长变短 0=标准弧长 +=弧长变长
焊接电压/V	20.5	
焊接速度/(cm/min)	60	
作业号 n0	1	

隐含参数的设置见表 5-6。

▣ 表 5-6　隐含参数的设置

项目	用途	设定范围	最小单位	出厂设置	实际设置	说明
P01	回烧时间	0.01～2.00s	0.01s	0.08s	0.05s	如果机器人给定焊接电压和电流，则设置 0.3s
P09	近控有无	OFF/ON		OFF	ON	OFF=正常焊接规范由送丝机调节旋钮确定；ON=焊接规范由显示板调节旋钮确定
P10	水冷选择			ON	OFF	选择 OFF 时，无水冷机或水冷机不工作，无水冷保护；选择 ON 时，水冷机工作，水冷机工作不正常时有水冷保护

（5）焊接方向和焊枪角度

焊枪向焊接行进方向倾斜 0°～10°时的熔接法（焊接方法）称为"后退法"（与手工焊接相同）。焊枪姿态不变，向相反的方向进行焊接的方法称为"前进法"。一般而言，使用"前进法"焊接，气体保护效果较好，可以一边观察焊接轨迹，一边进行焊接操作，为此，多采用"前进法"进行焊接，如图 5-12 所示。

5.4.2　送丝机压力的调节

设置完相关参数后，根据工艺要求需要调整送丝轮、气瓶压力以及调节焊丝盘的盘制动力。此送丝机机构为四轮双驱，见图 5-13。

送丝压力刻度位于压力手柄上，对于不同材质及直径的焊丝有不同的压力关系，见表 5-7 及图 5-14。表格中的数值仅提供参考，实际的压力必须根据焊枪电缆长度、焊枪类型、送丝条件和焊丝类型做相应的调整。

类型 1：适合硬质焊丝，如实心碳钢、不锈钢焊丝。

类型 2：适合软质焊丝，如铝及其合金。

类型 3：适合药芯焊丝。

使用压力手柄调节送丝轮压力，使焊丝均匀地送进导管，并要允许焊丝从导电嘴出来时有一点摩擦力，而不致在送丝轮上引起打滑。

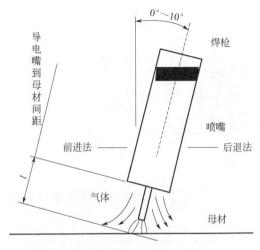

图 5-12 焊接方向与焊枪角度

图 5-13 送丝机机构

1—压丝轮；2—压力手柄；3—主动齿轮；4—送丝轮

注意：过大的压力会造成焊丝被压扁，镀层被破坏，并会造成送丝轮磨损过快和送丝阻力增大。

▫ 表 5-7 送丝压力刻度对于不同材质及直径的焊丝有不同的压力关系

送丝轮类型	焊丝直径/mm 压力刻度	φ0.8	φ1.0	φ1.2	φ1.6
1		1.5～2.5	1.5～2.5	1.5～2.5	1.5～2.5
2		0.5～1.5	0.5～1.5	0.5～1.5	0.5～1.5
3		—	—	1.0～2.0	1.0～2.0

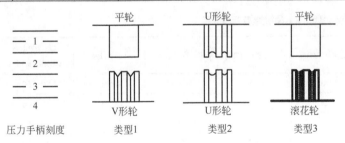

图 5-14 送丝压力刻度及送丝轮的类型

本弧焊机器人系统的焊丝选用直径为 1.2mm 的实心碳钢，轮子选用类型 1，因此要求在焊接之前，将压力手柄刻度设定在 1.5～2.5 之间。

5.4.3 气瓶流量调整

气瓶部分见图 5-15。

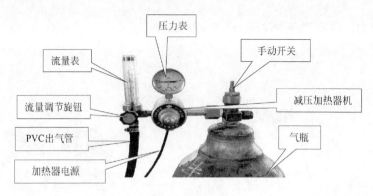

图 5-15 气瓶

气瓶流量与焊接方式、板厚、焊丝直径有关。参考表 5-8、表 5-9 来调节气体流量（L/min）。

▸ 表 5-8 低碳钢实心焊丝 CO_2 对接焊接工艺参考

	板厚/mm	根部间隙/mm	焊丝直径/mm	焊接电流/A	焊接电压/V	焊接速度/(cm/min)	气体流量/(L/min)
对接	0.8	0	0.8	60~70	16~16.5	50~60	10
	1.0	0	0.8	75~85	17~17.5	50~60	10~15
	1.2	0	0.8	80~90	17~18	50~60	10~15
	2.0	0~0.5	1.0、1.2	110~120	19~19.5	45~50	10~15
	3.2	0~1.5	1.2	130~150	20~23	30~40	10~20
	4.5	0~1.5	1.2	150~180	21~23	30~35	10~20
	6	0	1.2	270~300	27~30	60~70	10~20
		1.2~1.5	1.2	230~260	24~26	40~50	15~20
	8	0~1.2	1.2	300~350	30~35	30~40	15~20
		0~0.8	1.6	380~420	37~38	40~50	15~20
	12	0~1.2	1.6	420~480	38~41	50~60	15~20

▸ 表 5-9 低碳钢实心焊丝 CO_2 角接焊接工艺参考

	板厚/mm	焊丝直径/mm	焊接电流/A	焊接电压/V	焊接速度/(cm/min)	气体流量/(L/min)
角接	1.0	0.8	70~80	17~18	50~60	10~15
	1.2	1.0	85~90	18~19	50~60	10~15
	1.6	1.0、1.2	100~110	18~19.5	50~60	10~15
		1.2	120~130	19~20	40~50	10~20
	2.0	1.0、1.2	115~125	19.5~20	50~60	10~15
	3.2	1.0、1.2	150~170	21~22	45~50	15~20
		1.2	200~250	24~26	45~60	10~20
	4.5	1.0、1.2	180~200	23~24	40~45	15~20
		1.2	200~250	24~26	40~50	15~20
	6	1.0、1.2	220~250	25~27	35~45	15~20
		1.2	270~300	28~31	60~70	15~20

续表

	板厚/mm	焊丝直径/mm	焊接电流/A	焊接电压/V	焊接速度/(cm/min)	气体流量/(L/min)
角接	8	1.2	270～300	28～31	55～60	15～20
		1.2	260～300	26～32	25～35	15～20
		1.6	300～330	25～26	30～35	15～20
	12	1.2	260～300	26～32	25～35	15～20
		1.6	300～330	25～26	30～35	15～20
	16	1.6	340～350	27～28	35～40	15～20
	19	1.6	360～370	27～28	30～35	15～20

在流量调节前，确保气瓶手动开关阀打开，流量调整的步骤如下：
① 单击送丝机的气检按钮，送气 30s。
② 在送气期间，旋转流量调节旋钮，使浮球处于预设定流量的刻度位置。
③ 流量调节完成后，可再次按下气检按钮停止送气。

5.4.4 机器人程序调试

完成焊机参数的设置后，需要将椭圆的软件程序传送到 ABB 实际示教器中，可采用在线的方式或用 U 盘存储的方式进行传送，本例中采用 U 盘存储的方式，具体操作如下。

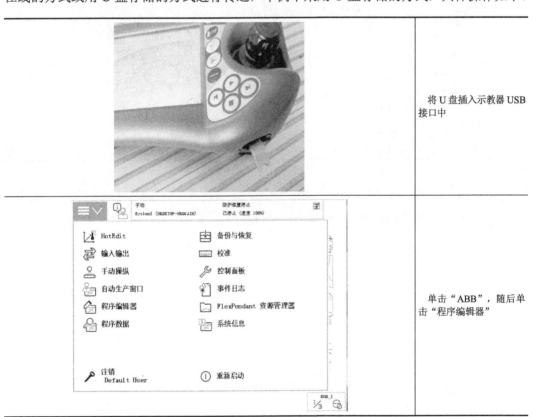

	将 U 盘插入示教器 USB 接口中
	单击"ABB"，随后单击"程序编辑器"

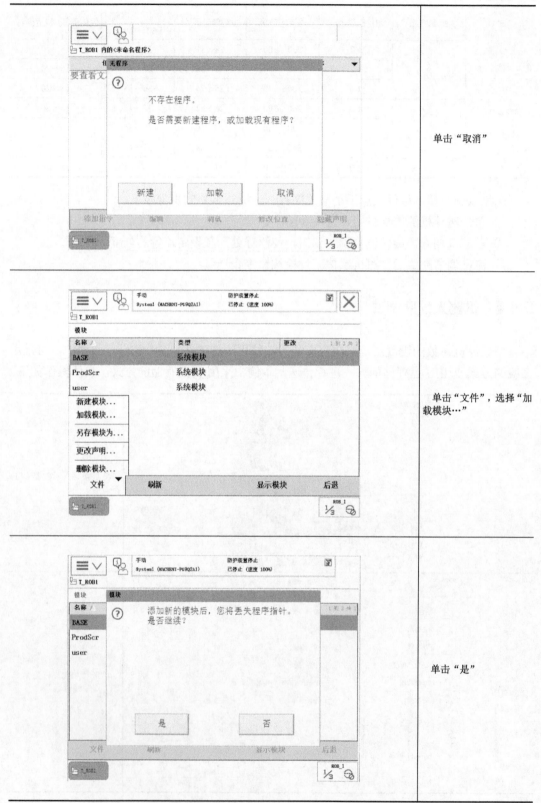

续表

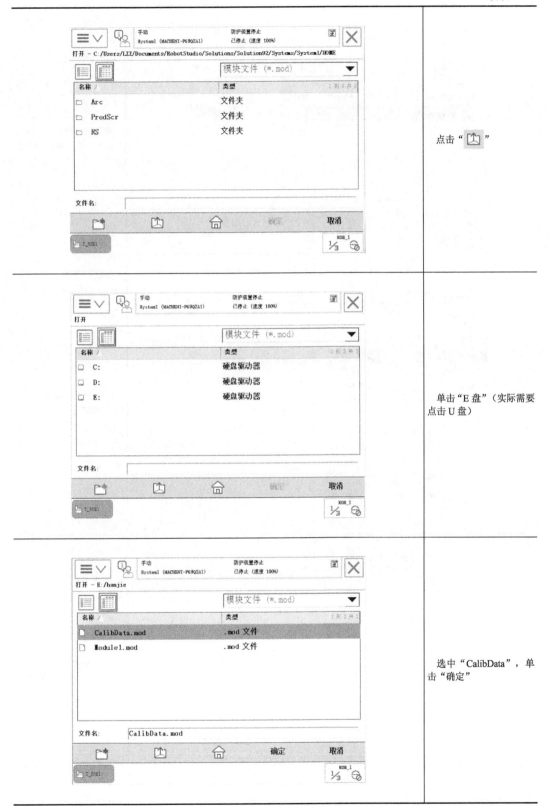

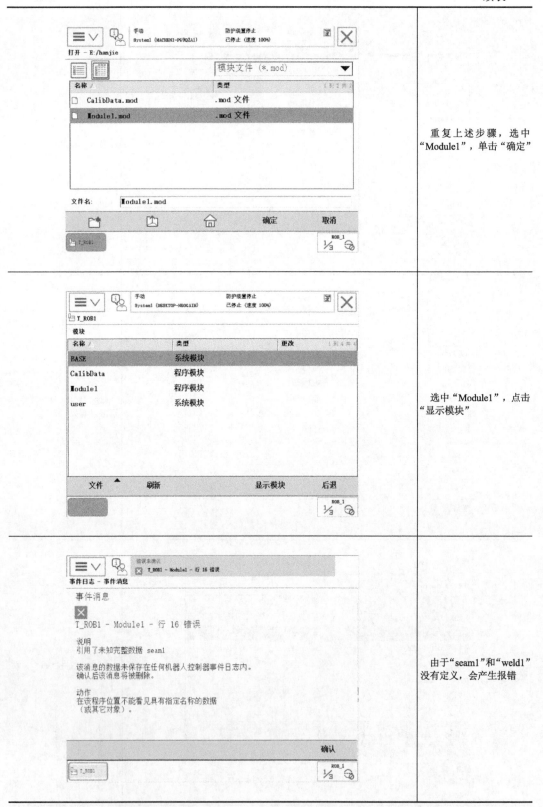

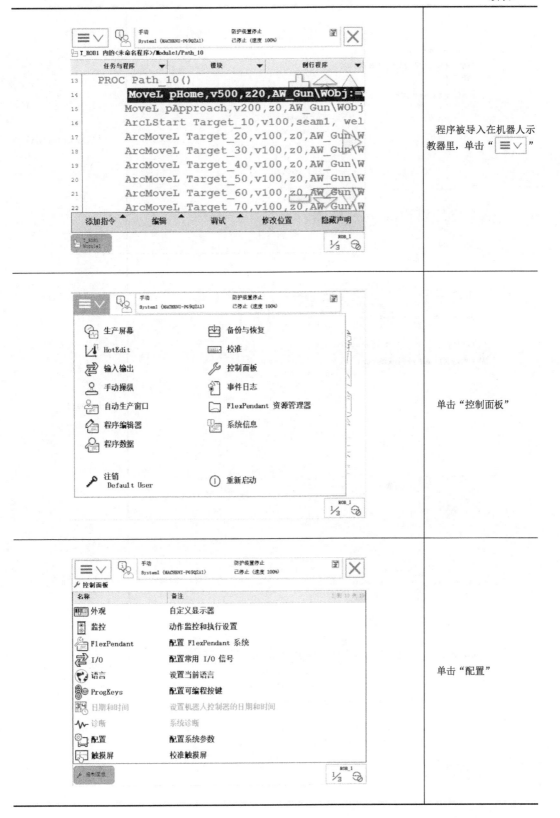	程序被导入在机器人示教器里,单击"☰∨"
	单击"控制面板"
	单击"配置"

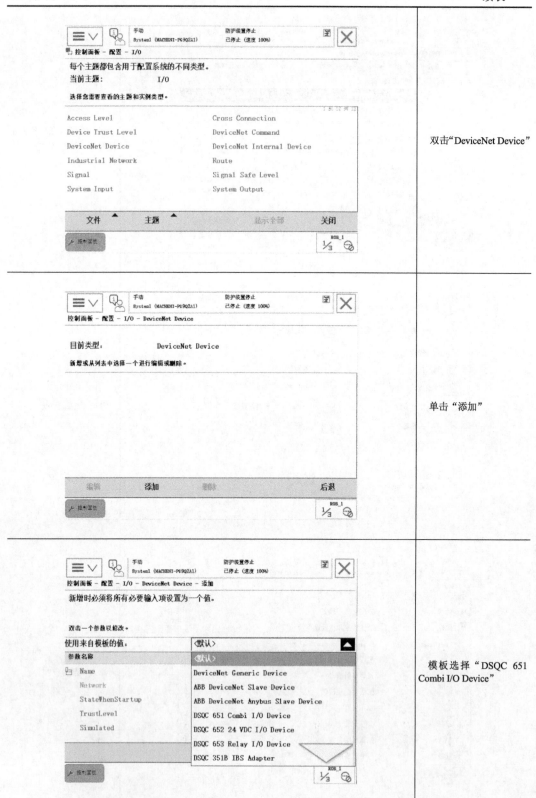	双击"DeviceNet Device"
	单击"添加"
	模板选择"DSQC 651 Combi I/O Device"

续表

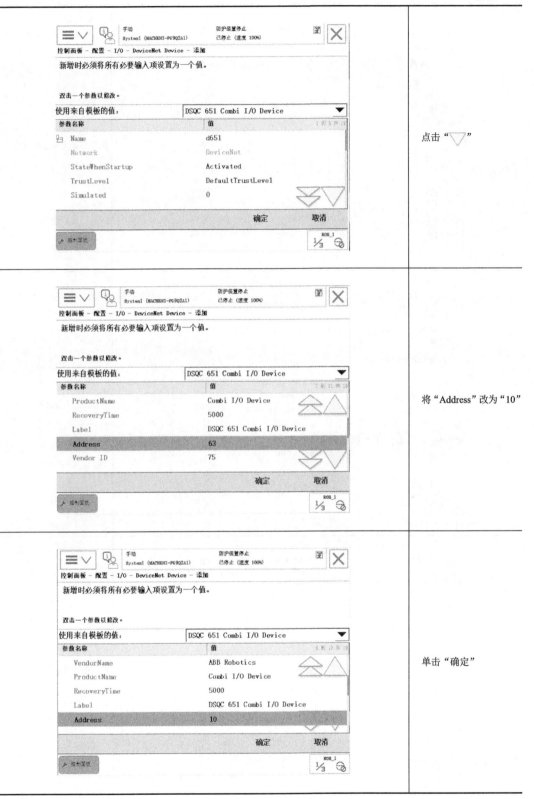

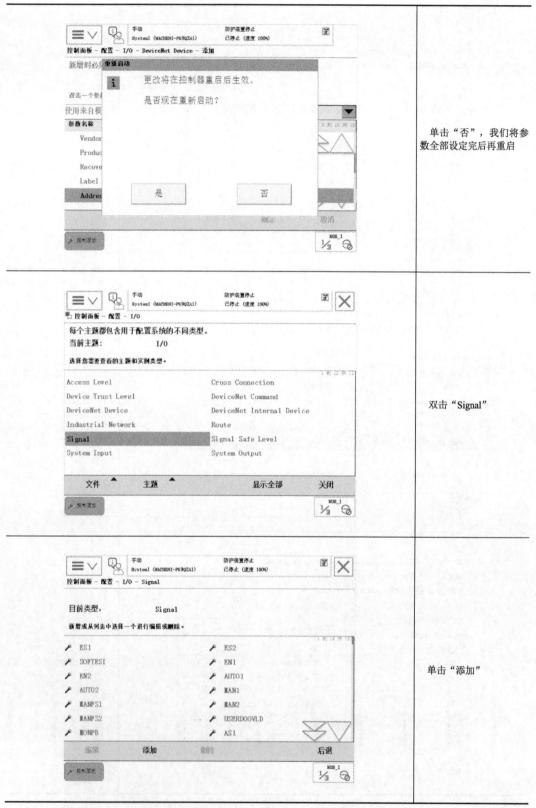

	续表
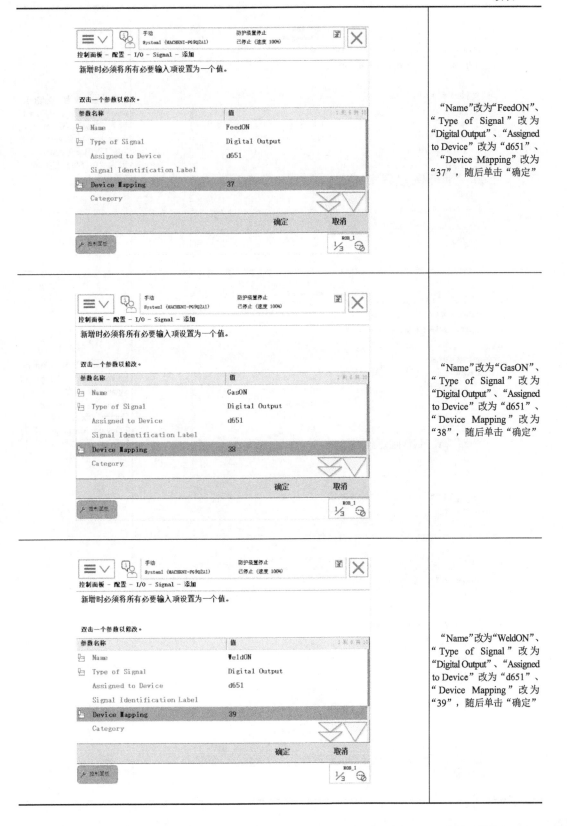	"Name"改为"FeedON"、"Type of Signal"改为"Digital Output"、"Assigned to Device"改为"d651"、"Device Mapping"改为"37",随后单击"确定"
	"Name"改为"GasON"、"Type of Signal"改为"Digital Output"、"Assigned to Device"改为"d651"、"Device Mapping"改为"38",随后单击"确定"
	"Name"改为"WeldON"、"Type of Signal"改为"Digital Output"、"Assigned to Device"改为"d651"、"Device Mapping"改为"39",随后单击"确定"

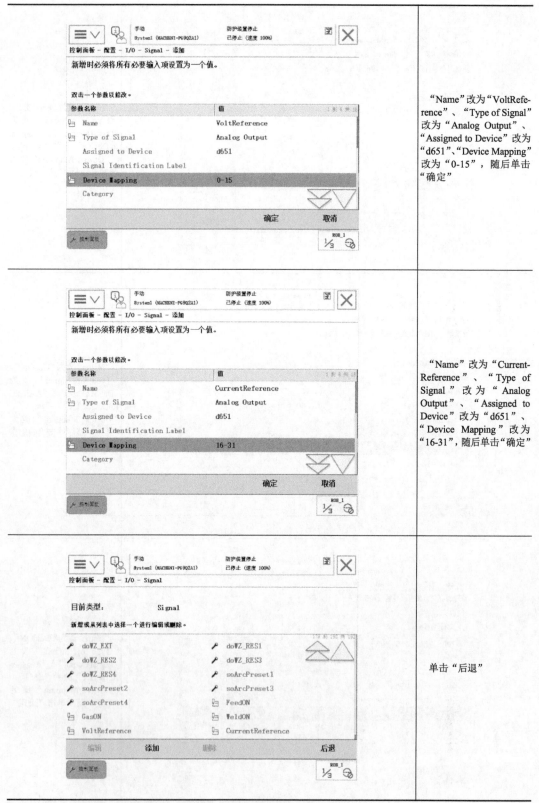

续表

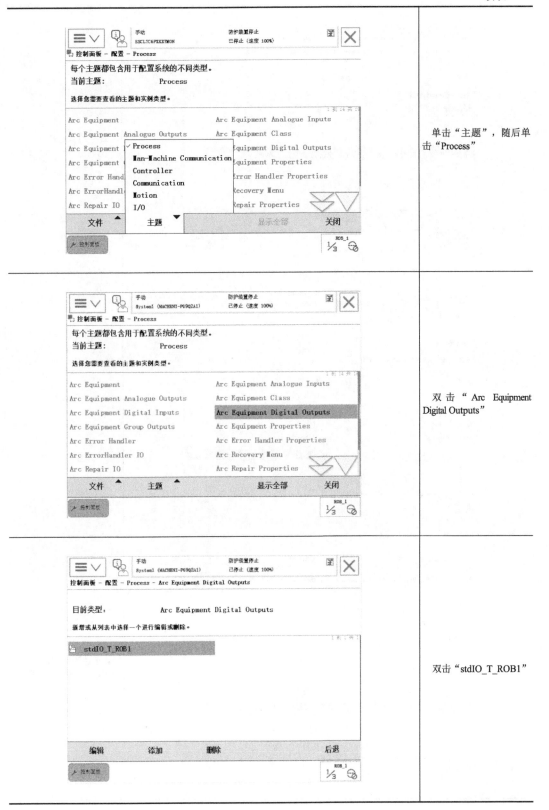

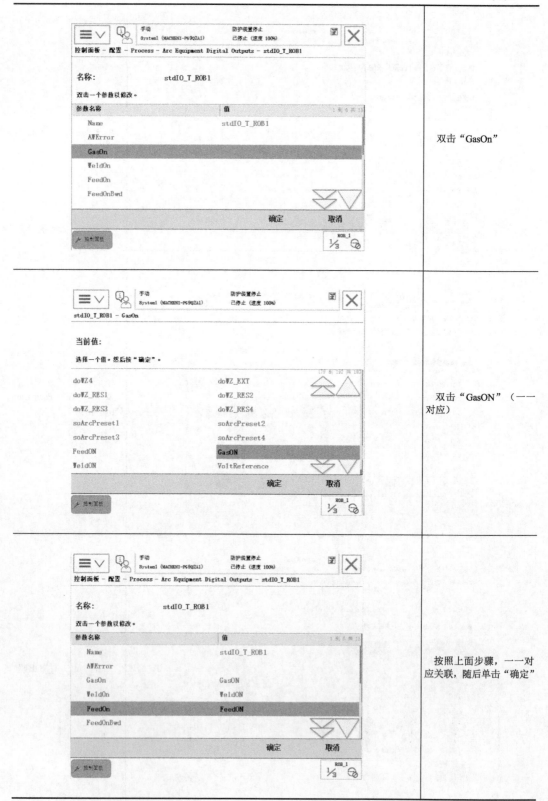

续表

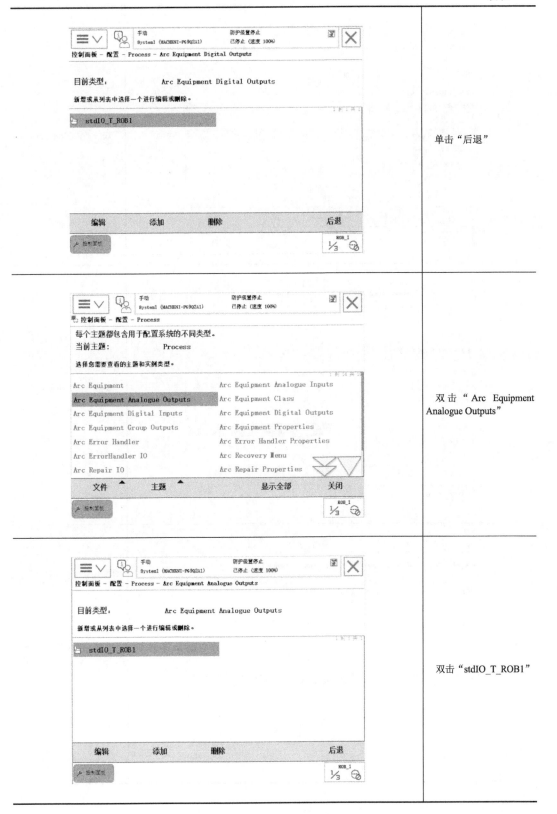

	单击"后退"
	双击"Arc Equipment Analogue Outputs"
	双击"stdIO_T_ROB1"

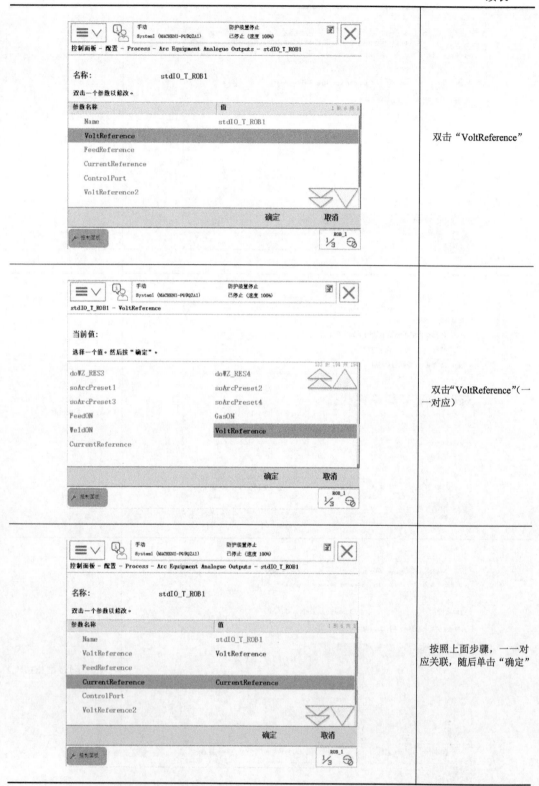

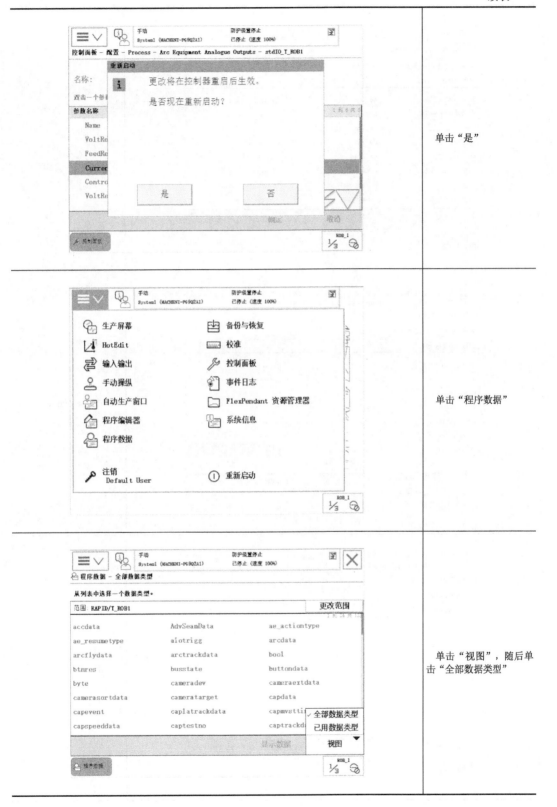

续表

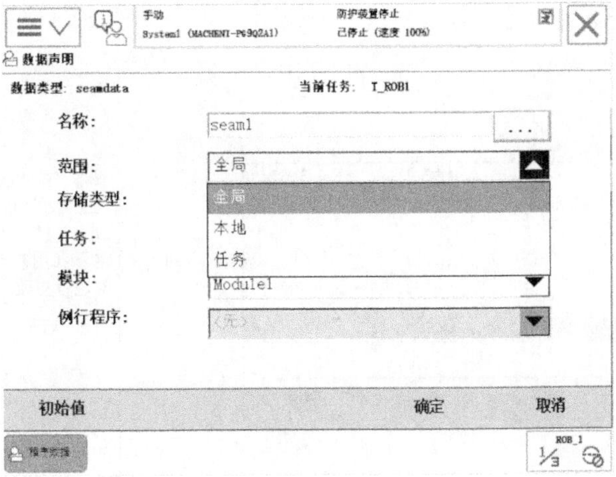手动 System1 (MACHENI-P69Q2A1) 防护装置停止 已停止 (速度 100%) 数据声明 数据类型: seamdata 当前任务: T_ROB1 名称: seam1 范围: 全局 存储类型: 全局 本地 任务 任务: 模块: Module1 例行程序: <无> 初始值 确定 取消 ROB_1 1/3	“范围”选择“全局”（名称应和前面的报错名称对应）
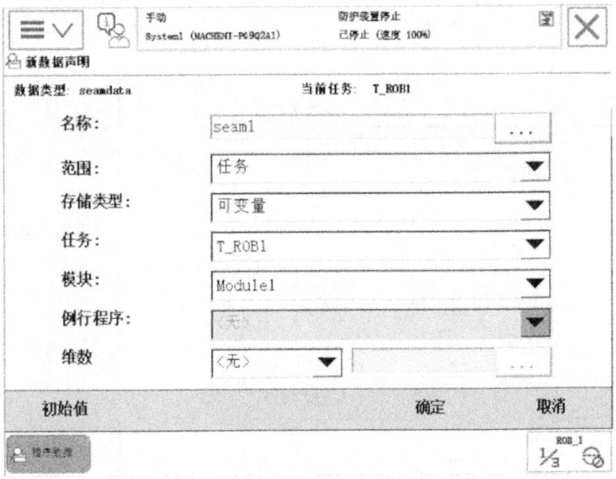手动 System1 (MACHENI-P69Q2A1) 防护装置停止 已停止 (速度 100%) 新数据声明 数据类型: seamdata 当前任务: T_ROB1 名称: seam1 范围: 任务 存储类型: 可变量 任务: T_ROB1 模块: Module1 例行程序: <无> 维数 <无> 初始值 确定 取消 ROB_1 1/3	单击“确定”
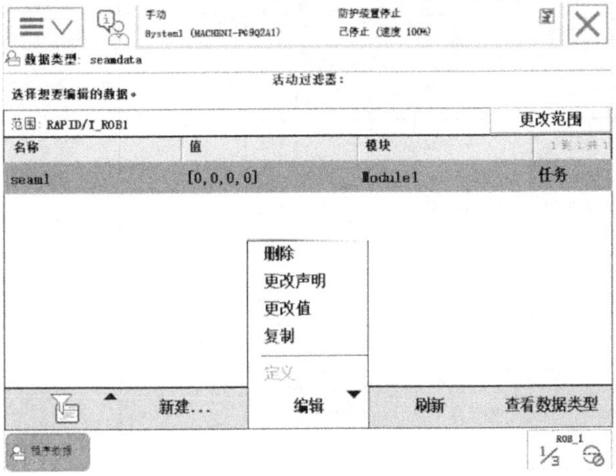手动 System1 (MACHENI-P69Q2A1) 防护装置停止 已停止 (速度 100%) 数据类型: seamdata 活动过滤器: 选择想要编辑的数据。 范围: RAPID/T_ROB1 更改范围 名称 值 模块 seam1 [0,0,0,0] Module1 任务 删除 更改声明 更改值 复制 定义 新建... 编辑 刷新 查看数据类型 ROB_1 1/3	单击“编辑”，随后单击“更改值”

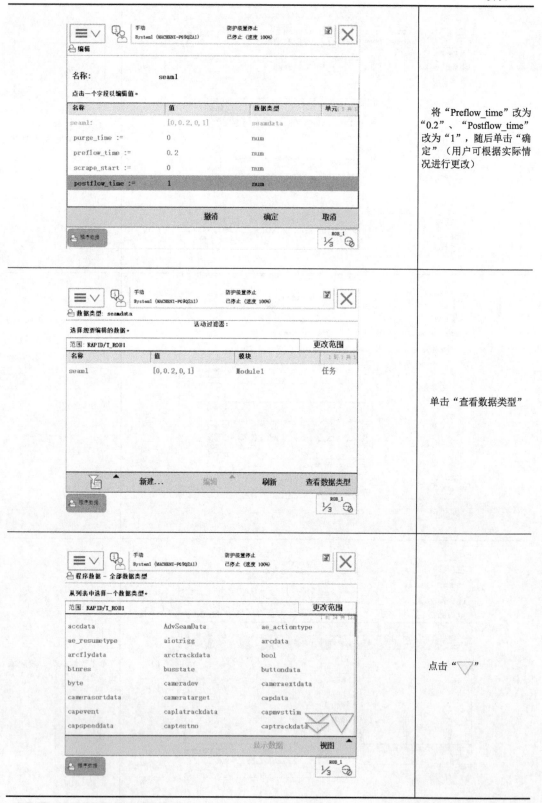

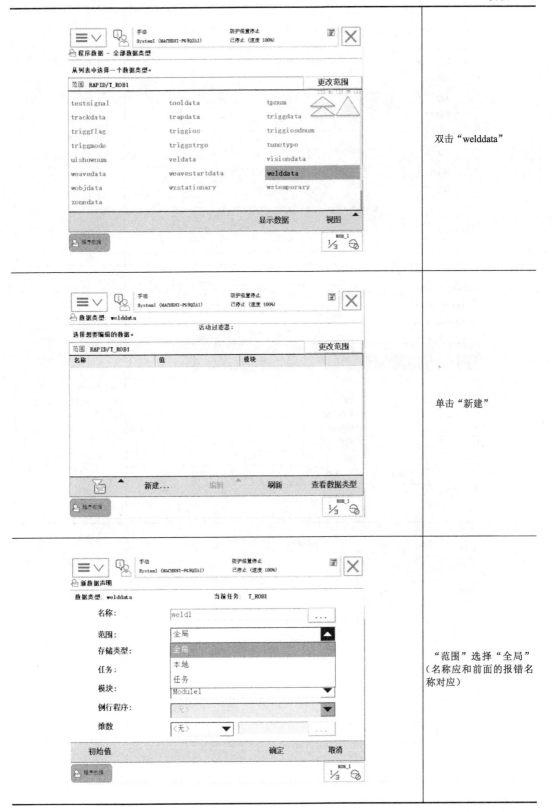

续表

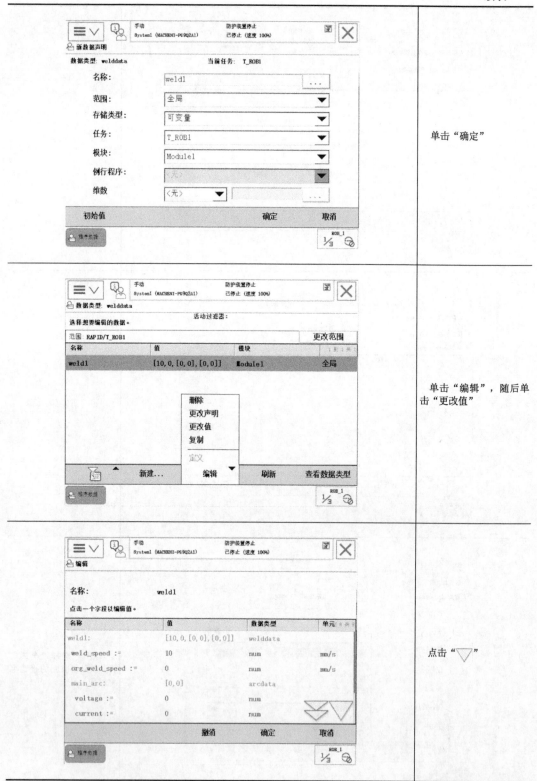

续表

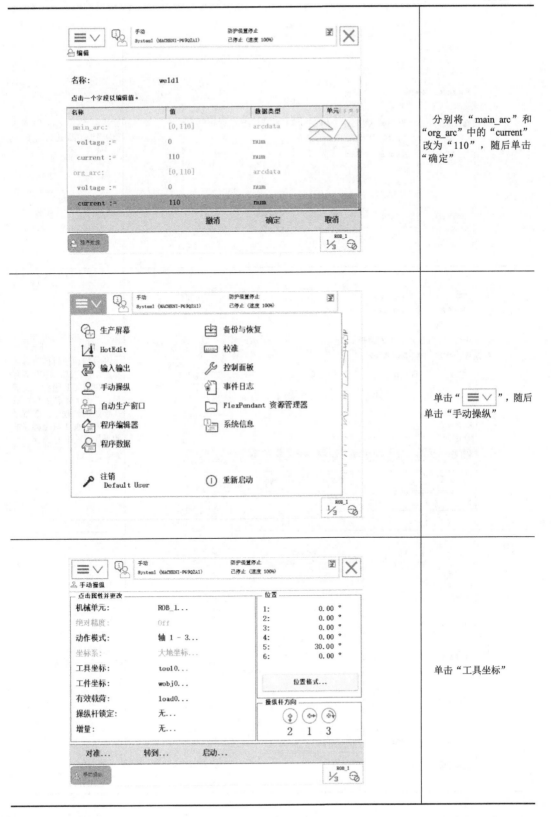

	分别将"main_arc"和"org_arc"中的"current"改为"110",随后单击"确定"
	单击"☰∨",随后单击"手动操纵"
	单击"工具坐标"

第 5 章 焊接 — 173

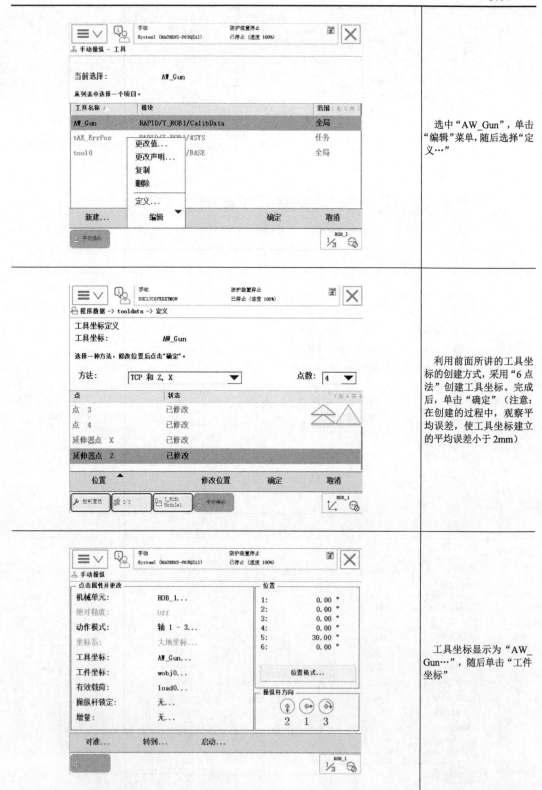	选中"AW_Gun",单击"编辑"菜单,随后选择"定义…"
	利用前面所讲的工具坐标的创建方式,采用"6点法"创建工具坐标。完成后,单击"确定"(注意:在创建的过程中,观察平均误差,使工具坐标建立的平均误差小于2mm)
	工具坐标显示为"AW_Gun…",随后单击"工件坐标"

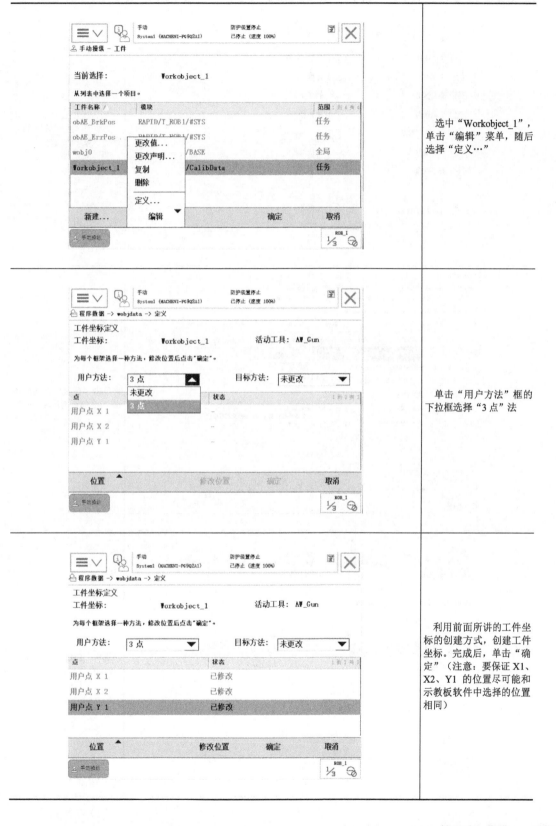

续表

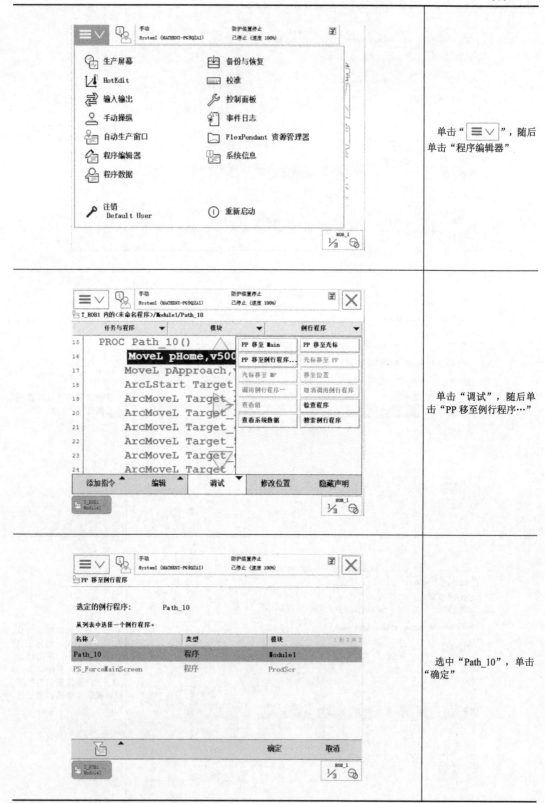

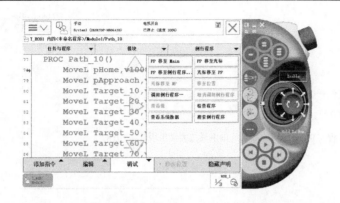	手动使能上电,按下播放键

参考文献

[1] 叶晖. 工业机器人典型应用案例精析 [M]. 北京：机械工业出版社，2013.

[2] 李锋. ABB 工业机器人现场编程与操作 [M]. 北京：化学工业出版社，2020.

[3] 潘懿，等. 工业机器人离线编程与仿真 [M]. 武汉：华中科技大学出版社，2018.